地域ガバナンスシステム・シリーズ　No.19

ため池ソーラー発電と再エネ条例

地域貢献型発電事業へのチャレンジ

白石　克孝
櫻井あかね
共著

公人の友社

もくじ

はじめに

日本における再生可能エネルギーを巡る環境は目まぐるしく変化してきた。福島第一原子力発電所の重大事故によって、日本の電力産業の在り方、私たちの暮らしそのものあり方が問われ、再生可能エネルギーへの注目も大きく高まった。折しも原発事故の後には、FIT による全量買い取り制度がスタートし、高めの買い取り価格設定もあって、メガソーラー発電所の建設ラッシュが見られることになった。

しかしながら、マクロレベルでの再生可能エネルギーの普及につながったとしても、多くの地域社会が夢見た地域振興に再生可能エネルギーを利活用するという事態には直ちにつながるものではなかった。ここには、再生可能エネルギーという「地域資源」は誰のものか、という問いかけが含まれている。そうした実情を訴えることから筆者らのリサーチはスタートした。

現状批判に留まらないで、地域資源を地域が利活用するという発想をより具体的に進めるにはどうすべきか。そのひとつの手がかりは、リサーチ開始当初に、湖南市が制定しようとしていた再生可能エネルギー基本条例（本書での通称）にあった。筆者らは、龍谷大学地域公共人材・政策開発リサーチセンター（LORC）の研究活動の一環として、科学技術振興機構（JST）社会技術研究開発センター（RISTEX）の採択事業の一環として、条例の意義の提示と普及に取り組んだ。

もうひとつの手がかりは、再生可能エネルギーを地域資源として利活用する事業モデルを龍谷大学地域公共人材・政策開発リサーチセンター（LORC）として提案し、実際にメガソーラー発電所を建設したことにあった。地域貢献型メガソーラー発電事業と呼んだモデルの構築と地域実装については、筆者も中心的な役割を担ってきた。龍谷大学教員が主導して設立した非営利株式会社が発電事業会社となり、龍谷大学の社会的責任投資を活用し、立地自治体と協働して事業は展開された。本書では、一連の龍谷ソーラーパーク事業から、最新の事例として兵庫県洲本市での「龍谷フロートソーラーパーク洲本」について、詳細な紹介をした。

龍谷大学と洲本市は、「洲本市と龍谷大学との地域人材育成及び地域活性化に係る相互協力に関する協定」に基づき、域学連携活動を展開してきた。この協定を活用して、洲本市が抱える様々な課題の解決、地域の活性化を担う地域人材の育成を目的とする相互協力を推進してきた。洲本市は地域貢献型再生可能エネルギー事業に関心を寄せ、再生可能エネルギー基本条例を制定し、龍谷大学地域公共人材・政策開発リサーチセンター（LORC）との協働による再生可能エネルギーの地域実装化に取り組んできた。本書で紹介した二つのため池フロートソーラー発電事業は、再生可能エネルギーを活用した発電事業によりもたらされる恩恵が地域の活性化や課題解決に資する事業として注目されている。

このように本書の成り立ちは、研究だけでなく、実践の記録という側面を持つものである。パリ協定の正式発効により、世界は、そして日本は、温室効果ガスの削減の新たなステップを踏み出した。これまでほとんど見ることができなかった地方自治体レベルでの地域エネルギー政策が日本でも議論されている。本書がその参考になることを願うものである。

著者を代表して
白石克孝

1 章
ため池をつかった太陽光発電事業

1.1　域学連携事業

域学連携事業は総務省主体として全国の自治体に呼びかけ、文科省からの助言も得つつ開始した事業であった（すでに事業そのものは終了している）。とくに 2012 年の補正予算で組まれた域学連携事業は、それ以前のものと比べて、採択された自治体に対する支援の金額が大きく、大学のない市町村に学生や教職員が出向き、市役所や住民、NPO とともにまちづくりをおこなうことが展望できるだけの可能性を持っていた。

域学連携事業は複数の大学が関与する事業として取り組まれ、洲本市においては関与大学数も増加しているが、本書では、洲本市が 2013 年度から展開している域学連携事業において、主として龍谷大学政策学部並びに龍谷大学関係者が関与した再生可能エネルギー事業への取り組みを紹介する。したがって、本書は洲本市における域学連携事業の龍谷大学サイドからの紹介と記録であり、洲本市役所や関係者の取り組みや想いを描くことにはなっていないことをお断りしておきたい。

これまで大学の使命としては、長く教育と研究がその使命として位置づけられてきた。2007 年の学校教育法の改正に書き込まれたように、大学の社会貢献が新たな大学の使命として提起されるようになってきた。これは世界的にも同様で、「大学の第三の使命」として認知される動向が定着しつつある（白石克孝 2014）。

洲本市における域学連携事業の取り組みは、大学の第三の使命という文脈に位置づけられるものである。本来ならば、大学論、大学の教育論としての議論をなすべきであろう。また大学の社会貢献が、地域社会の課題あるいはその他の社会的課題からみて、いかなる課題解決の可能性を開くものであるかという、地域活性化ないし地域再生の取り組みとしての特徴や課題についての議論も必要であろう。しかしながら洲本市での域学連携事業は、龍谷大学にとっても、洲本市にとっても、まだ取り組みの途上であり、その事業成果を論じるには早い段階にある。同時に、記録として公表する意義並びに当事者としての情報の発信については、本事業が注目を集めていることを鑑みれば、必要なタイミングに来ていることも確かである。そこで記録報告を主眼として本書を執筆することとした。

洲本における域学連携事業は、いくつかの柱を持った取り組みがなされている。これらの中から、再生可能エネルギーの利活用（売電モデル）を主として取り上げる。これまでの全国の事例を見ても、大学と地域の連携による地域再生や地域課題解決の取り組みにおいて、再生可能エネルギーの利活用が媒介となることは非常に希であることが第一の理由である。また第二の理由として、固定価格買取制度 (以下、FIT と略す) や電力自由化などの大きな政策変更が地域社会の発展にいかに資するのかという課題は、日本全体が共有しているものであり、私たちの取り組みが課題解決のひとつのモデルとなり得るものと考えるからである。

1.2　洲本市の概要

兵庫県洲本市は、瀬戸内海に浮かぶ淡路島の中央に位置し、北は淡路市、南は南淡路市に接する。2006 年に五色町と洲本市が合併して現在の市域となった。市の中央部には標高 448 メートルの先山が連なり、その東側には洲本市街地にあたる平野が、西側の五色地域には丘陵地帯が広がる。総面積は約 182.4 平方キロメートルで、淡路島の約 30% を占める（洲本市 2014）。人口 44,858 人、世帯数 20,047 戸（2017 年 10 月末時点）、65 歳以上の高齢化率は 33.2% と全国より高い（洲本市 2006）。1998 年に明石海峡大橋が開通してからは車で訪れる観光客が増え、2000 年に開催された国際園芸・造国博ジャパンフローラ（通称：淡路花博）では来場者約700万人を記録した。主要産業は製造業、観光業、農業（米、タマネギなど）、畜産、漁業である。年間の平均気温15℃、年間降水量1,618mm、年間日照時間2,112時間と比較的温暖な気候にある（洲本市2015）。

再生可能エネルギーに関する施策は、合併前の旧五色町が積極的に推進してきた。2001年に五色町地域新エネルギービジョンを策定、翌年には五色町都志に町運営の風力発電施設（1,500 kW × 1基）を建設する。また、現在も継続しているバイオディーゼル燃料（BDF）製造は2003年から開始した。2006年の合併時に、洲本市地域新エネルギービジョン、洲本市バイオマスタウン構想を策定した。このように旧五色町で先駆的に取り組まれてきた再生可能エネルギー施策が、現在の洲本市施策の基盤となっている。

2011年に「あわじ環境未来島構想」が地域活性化総合特区に指定されたことで、再生可能エネルギーの導入がさらに推進される。この構想は、兵庫県の21世紀兵庫長期ビジョンを背景に、広域地域における住民と行政の協働による将来ビジョンを策定するなかで計画されたもので（兵庫県企画県民部ビジョン課2016）、淡路島の3市に共通する農業の担い手不足と高齢化、人口減少・超高齢化を解決するために「エネルギー」、「農と食」、「暮らし」を持続させることを謳っている。あわじ環境未来島構想の実現をめざすさまざまな取り組みが展開され、特色あるものとしては、廃食油から精製したバイオディーゼル燃料（BDF）による電動漁船の実証試験、洋上風力発電の検討などもその中に含まれていた。

2012年のFIT導入を機に、日本全国でメガソーラー建設ラッシュが起こるが、淡路島においてもメガソーラー建設案件が散見されるようになる。ソーラー建設ラッシュを傍観することにならないように、2013年、洲本市では「洲本市地域再生可能エネルギー活用推進条例」を制定した。この条例をもとに、地域が主体となった再生可能エネルギー事業を推進し、住民、金融機関、市、大学の連携を域学連携事業で具体化することになる。

1.3　洲本市域学連携事業の目的

龍谷大学では、2010年から地域再生と再生可能エネルギーをテーマに、独立行政法人科学技術振興機構（JST）社会技術研究開発センター（RISTEX）「地域に根ざした脱温暖化・環境共生社会」研究開発領域研究開発プロジェクト「地域再生型環境エネルギーシステム実装のための広域公共人材育成・活用システムの形成」受託研究を龍谷大学地域公共人材・政策開発リサーチセンター(LORC)で進めてきた。その一環として、地域再生可能エネルギー基本条例のシンポジウム「地域でエネルギーをつくるルールづくり」(2012年10月30日)、「再生可能エネルギー塾」（全6回:2012年11月12日～12月15日）を龍谷大学深草キャンパスで開催した。FITを機に地域外資本が一気に入り込むことを懸念して、再生可能エネルギーの恩恵を地域にもたらすための自治体政策や、住民による事業計画立案を支援することが目的であった（科学技術振興機構社会技術研究開発センター2014)。この講座に洲本市農政課職員が参加したことが、龍谷大学と洲本市がつながるきっかけとなる。

2013年2月、総務省補正予算として「域学連携」地域活力創出モデル実証事業が募集され、洲本市では、グリーン＆グリーン・ツーリズムによる地域活力創出モデル構築事業を提案した。「グリーン＆グリーン」というコンセプトは、龍谷大学白石による造語で、再生可能エネルギーのグリーンと、農村体験のグリーン・ツーリズムを合わせたものである。域学連携は総務省の地域再生施策の一つで、大学のない地域を対象に展開されている。大学生と大学教職員が地域に入り、住民やNPOなどと地域課題解決に取り組むことで、地域活性化や人材育成に資することを目的としている。この実証事業に応募する際、洲本市における地域課題を以下の4点に集約した。

一つめは、人口減少である。淡路島には4年制大学がなく、高校を卒業すると若者が都市圏に出ていき19～23歳の人口層が極めて少ない。大学卒業後も多くは島外に就職することから、地域の若い人材が慢性的に不足し、新たな知識や発想が地域に還元されず、地域活性化の中核となる人材不足が続いている。

二つめは、農漁業の衰退である。農業生産額は年々低下し、担い手の高齢化・減少、有害鳥獣による農作物被害、農漁業生産物の低価格化で販売農家数は減少。漁業者も同様の担い手減が続いている。

三つめは、観光業の衰退である。淡路島の観光客入込数は、2002年度をピークに減少を続けている。豊かな自然と生活文化、魅力的な食があるが、これらを活用し切れていない。

四つめは、再生可能エネルギーである。バイオマス燃料や風力発電などが展開され、豊かな日照量を活用した太陽光発電が進み、メガソーラー建設も複数ある。しかし、大型の事業は都市部の大企業による事業がほとんどであり、再生可能エネルギーの恩恵を地域還元する仕組みが構築されていない。これらの資源を新たな「グリーン」な観光資源として活用するという発想に乏しい。

以上のような地域課題を背景にして、自然や食を活用しながら、地域にその恩恵を還元する再生可能エネルギー事業を創出し、農漁業の活性化に結びつけることを洲本市域学連携事業の目的に設定した。実施にあたっては、洲本市域学連携推進協議会を運営母体として洲本市農政課が担当し、洲本市地域おこし協力隊が支援する体制が組まれた。受入地域をはじめ市内の市民団体、兵庫県なども参画するマルチパートナーシップ型で進めている。

1.4　非営利株式会社 PS 洲本の設立

洲本市役所のとりわけ域学連携事業の担当者であるＴ氏の中では、龍谷大学との連携を再生可能エネルギー事業につなげていきたいという強い気持ちがあった。また龍谷大学の白石や櫻井の側にも、出資者・投資者に売電益を帰し、地域の還元が乏しい「収奪型」の FIT の運用実態に対するかねてからの批判があった（白石 2013、白石・櫻井 2016)。地域資源の活用が還元できる再生可能エネルギー事業の地域実装を実行する意志を域学連携事業の担当者で共有していた。

規模の大きな事業として洲本市役所が構想していたのは、ため池を活用したフロートソーラー発電と洋上風力発電事業であった。とりわけ前者のため池フロートソーラー発電事業に龍谷大学の関係者が取り組んでくれないかという期待が洲本市にはあった。

2012 年 8 月に、龍谷大学政策学部教員の深尾昌峰を中心として、社会的ビジネスや社会的投資による課題への挑戦を目指す人材が集まり、株式会社プラスソーシャルが設立されていた。株式会社プラスソーシャルの特徴は非営利株式会社という点にある。特定非営利活動法人（いわゆる NPO）は、出資規定を設けることができないなど、規模の大きな事業を進めるにはベストの法人形態ではない。そこで改正された商法が理屈の上では可能にした「非営利」の株式会社を設立して取り組もうというアイディアが生まれた。プラスソーシャルグループの会社は、定款で利益の株主への配当を禁じており、またメガソーラー事業を中心とする様々な社会的事業に自らがとりくみ、諸事業からの「収益」にあたる部分を地域社会や市民活動に還元することを社の方針に掲げている。

洲本市の域学連携事業を開始する以前に、株式会社プラスソーシャルと龍谷大学と自治体の連携により、龍谷大学の出資を一部活用しながら、大型の太陽光発電事業を実施していた。龍谷ソーラーパーク事業と名付けられたこの事業は、和歌山県印南《いなみ》町、三重県鈴鹿市の２箇所で稼働していた。龍谷ソーラーパーク事業は、自らを地域貢献型発電事業として位置づけて、いわゆる「収益」にあたる部分を用いて、住民の諸活動や社会的事業並びに大学の社会貢献活動に「活用」してもらうという、特色あるスキームで運営してきた。

和歌山県印南町では、地域貢献型発電事業への町の賛同を得て、龍谷ソーラーパーク第１号（1,850kW ）が 2013 年 11 月に稼働した。塩漬けになっていた漁民住宅用埋め立て地と山間部に太陽光発電システムを設置した。龍谷大学が社会的責任投資として出資した初めてのケースとなる。発電事業による収益の一部は、公益財団法人わかやま地元力応援基金と公益財団法人京都地域創造基金を通じて、和歌山県と京都府の地域の市民活動団体などに助成される（櫻井あかね 2017）。続く三重県鈴鹿市では、ホンダ・鈴鹿製作所に隣接する駐車場跡地を活用して 2016 年２月龍谷ソーラーパーク第２号（3,833kW）が稼働した。大学が設置するメガソーラーとしては国内最大規模で、事業費は龍谷大学の社会的責任投資と金融機関からの融資でまかなっている。収益の一部を鈴鹿市と鈴鹿市基金に寄付し市民活動を支援するという事業モデルである。

洲本市役所ではＮ氏とＴ氏が中心的な役割を果たしつつ、龍谷ソーラーパーク事業のような事業スキームを洲本市のため池フロートソーラー発電においても展開することはできないかと考え、白石、深尾は何度か意見交換をしてきた。その可能性に合意した深尾は、洲本市内での再生可能エネルギー事業にあたっては、地域に根差した事業会社にすべきとの考えから、プラスソーシャルグループの中に、PS 洲本株式会社という非営利型の発電事業会社を新たに設立することにした。2016 年６月に会社がスタートし、代表取締役には白石が就任した。

1.5　再生可能エネルギー地域実装化に向けた体制構築

兵庫県と淡路島の３市は、地域活性化総合特区に指定されて「あわじ環境未来島構想」に取り組んできた。洲本市は再生可能エネルギーの地域実装を促進するために、その理念をかかげた「洲本市地域再生可能エネルギー活用推進条例」を制定していた。こうした洲本市の背景が、熱心な担当者の存在に加えて、再生可能エネルギー事業での大学関係者との連携を進めることにつながっていることを確認しておきたい。

域学連携事業を戦略的かつ恒常的なものとして定着させるために、2014 年９月に龍谷大学と洲本市は「地域人材育成及び地域活性化に係る相互協力に関する協定」を締結した。両者の連携関係をより強固なものとし、洲本市が抱える様々な課題の解決、地域の活性化を担う地域人材の育成を目的とする相互協力の合意を交わした。

FIT が導入され、全国に色々なかたちでメガソーラーが作られた。しかしデンマークやドイツでみられたような、地元の人たちが一定の資本出資をしなくては建設できないというような規定がないために、地元には発電施設の固定資産税が入ってくるだけで、売電という大きな収益の部分は出資者がいる場所に、したがって多くは都市部に吸い上げられているのが実情であった。

白石がセンター長をつとめる龍谷大学地域公共人材・政策開発リサーチセンター (LORC) には、地元は単に資源と空間を使われるだけの、いわば収奪型のエネルギー利用になってしまっている現状への強い批判があった。そうした認識のもとで提案したのが、「地域貢献型メガソーラー発電事業」のモデルである。

私立大学はアメリカの大学のように資金運用することを政府から求めら

れてきた。龍谷大学は株式投資はせず、国債や円建て外債など元本が保証される債券を運用の中心としてきた。その中で電力債なども購入していた。しかし福島第一原発事故の状況下で、東京電力債の扱いについて議論され、社会的な責任のある投資をするのが大学の義務ではないのかという考えが出された。龍谷大学はその社会的責任投資（SRI：Socially Responsible Investment）のための投資規定を作り、それに基づいて、株式会社プラスソーシャルが進めようとしてきた和歌山県印南町の地域貢献型メガソーラー事業に出資(金銭信託)することを決めたという経緯があった。これは事業会社としてのプラスソーシャルの第1号事業でもあった。

2016年11月に地域貢献型発再生可能エネルギー事業を実現する具体的な体制構築のために、ため池フロートソーラー発電所の建設を念頭において、洲本市、地元の信金である淡路信用金庫、信組である淡陽信用組合、龍谷大学地域公共人材・政策開発リサーチセンター(LORC)、PS洲本株式会社の5者で「地域貢献型再生可能エネルギー事業の推進に関する協定」を締結した。同協定では、再生可能エネルギーを活用した発電事業によりもたらされる恩恵が地域の活性化や課題解決に資する「地域貢献型再生可能エネルギー事業」を推進し、豊かで自立した持続可能な地域社会の実現を図るため、相互に協力・連携することを掲げている。

和歌山県印南町、三重県鈴鹿市の龍谷ソーラーパークの事例では、発電所建設地の所有自治体との連携は実現していたが、地域金融機関との事業連携は実現していなかった。洲本市では、地元の信用金庫と信用組合と連携することができた。地域金融機関では、預貸率が低下して貸し出し案件を探すことの困難性が増大している。加えて農山村からの人口流出と高齢化により、将来的な事業活動への不安も広がっている。そうした中で、地域の「お金」を志ある「お金」として地域内に循環させることは、地域金融機関にとって重要な命題である。淡路信用金庫と淡陽信用組合はその点を理解し、PS洲本株式会社への事業融資では協力を惜しまなかった。

全国各地で数多くの市民発電所が建設されているが、一部の例外を除いて小規模なものにとどまっている。社会的な事業に対する出資の仕組みが整っていない日本の現状では、大規模な事業費を用意することは難しく、この実情は無理からぬことである。地域資源で地域の発展に貢献できることが再生可能エネルギーの利活用への期待である。そのためのシナリオを描けないまま、FIT や電力自由化が進んでいくことで、地域はみすみすチャンスを見逃してしまうのではないか。筆者らはそうした危機感を抱いていた。これから紹介する事業では、大学からの資金と地域金融機関の融資を組み合わせることによって、大規模な事業を実現する見通しを立てることができた。

図 1-1　洲本市の市域と塔下新池、三木田大池の位置

出典：白石克孝・櫻井あかね・中村保ノ佳（2018：139）図 1 を一部修正

1.6　社会的事業アプローチの展開 ：ため池フロートソーラ事業

域学連携事業に取り組んできた感想として、当初年1カ年間の補助事業としての総務省からの要件には色々と難点があったが、事業コンセプトそのものについては今後も継続すべき優れた点があると考える。①地元に大学がない自治体にとって大学と自治体をつなげる機会が提供されたこと、②自治体が財政面も含めて大学のアクティブラーニングを支援することで、大学側の責任感を持った地域関与が生まれたこと、③アクティブラーニングを通して地域社会が自らの活動を変える契機を得ること、以上の3点をここでは指摘したい。

域学連携事業の継続について最大の課題は、自治体からの財政的な支援を引き続き得られるか、事業コーディネートへの主導的役割が自治体の中で継承できるか（担当者の異動などによる変化のリスクを懸念）にあると考える。龍谷大学も費用面での負担をしているが、それだけでは自治体と域学連携事業を継続することにはならない。

洲本市での域学連携事業においては、学生教育アプローチに加えて、新たに大学関係者が協働して展開する社会的事業アプローチの展開が見られた。これら二つのアプローチが相互に連携しながらも、それぞれ独自の取り組みを繰り広げていくスタイルが定着している。

洲本市の域学連携事業においては、域学連携事業を継続する「動力」を自治体の財政にのみ求めるのではなく、大学関係者が主導する事業構想を求めたことに最大の特徴がある。とくに社会的な側面を強調し、社会的起業、社会的貢献事業、社会的投資による事業が構想され、その成果は収益性よりも社会的インパクトに重きをおいている。

地域貢献型再生可能エネルギー事業の地域実装という命題に正面から取り組み、社会的インパクトがある事業として挑んだのが、社会的事業アプローチの中心事業、「塔下新池ため池ソーラー発電所」と「龍谷フロートソーラーパーク洲本」であった。

1.6.1 塔下新池

淡路島には歴史的にため池が多く、全国で最も密集した地域となっている。洲本市は、全国で淡路市に次ぐ第２位の数のため池（7,013ヵ所、兵庫県洲本土地改良事業所調べ）がある。ため池ごとにその水を利用する農家が集まり「田主《たず》」と呼ばれる淡路島特有の管理組織が存在している。「田主」は、ため池が多く築造された江戸時代中期以降にでき、ため池だけでなく川や井戸、湧水にも組織されている。田主はため池や水路等の水利施設の管理をはじめ、田への配水などの用水管理も担ってきた。

所有権が自治体に移管されたため池が増加しているが、現在においても田主は水利を管理する責任を有している。農業所得が多く見込めない農業の現状があり、非農家の田主も増えている中で、田主は将来のため池の管理に不安を感じている。

洲本市の域学連携事業のテーマにグリーン＆グリーン・ツーリズムを掲げた当初から再生可能エネルギーの地域実装を計画し、その立地場所として考えていたのがため池であった。そして、ため池管理の金銭的負担を軽減する仕組みとして提案されたのが、ため池フロートソーラー発電である。その最大の特徴は、ため池を農業用水として利用しながら、発電事業を行うことである。

太陽光発電パネルは強固な架台の上に設置するのではなく、水面に浮かぶ浮体に設置する方法がとられた。したがって、ため池の水位変動と共にソーラーパネルは浮いたり、沈んだりすることになる。農業利用と両立できるこの方法は、地域適正技術としてのモデル性があると洲本市やPS洲

- 所在地　洲本市五色町鮎原塔下1596
  （満水面積0.3ha）
- 設置規模　72.8kW
  （出力50kW、設置面積0.1ha）
  （災害時等は電源に利用可能）
- 事業費　2200万円
- 事業期間　21年
  （設置・撤去期間含む）
- 年間発電量　8.6万kWh
- 事業主体　PS洲本㈱
- 竣　工　2017年1月

写真1　塔下新池ため池ソーラー発電所の概要

PS 洲本提供　©PS 洲本

本株式会社の関係者は考えていた。PS 洲本株式会社が事業会社となった売電モデル型の地域貢献型発電事業の第 1 号事業が「塔下新池ため池ソーラー発電所」である。

塔下新池には、フランス製のフロート架台と中国製の発電パネルを組み合わせて、フロートソーラー発電事業を実施する計画を提案した。フランス製のフロート架台は、水面下に基礎を設けることなく、岸と繋留されて浮上する。ユニットをなすフロート架台が結合されることで、全体がリジットに一体化する設計となっている。売電収入によって事業費用を返済すると共に、ため池の維持修繕活動や地域活性化に貢献することが、事業スキームとして盛り込まれた。

洲本市五色町鮎原塔下にある塔下新池は、満水面積 0.3 ヘクタールの小規模なため池で、土地改良事業と共に造築された比較的新しいため池である。田主の田主員は 12 名と少数で、ため池の所有権は洲本市になっている。

洲本市役所では、塔下新池での事業を見越して、固定買取価格 27 円で FIT の認定を受けていた。PS 洲本株式会社設立の翌月の 2016 年 7 月に、発電事業者として、洲本市役所と共に塔下新池の田主全員と話し合いを持った。

事業費を地元が負担することがない事業で、しかも収益に当たる部分の一部を地域のため池の維持修繕活動のために寄付をするという、事業の趣旨そのものへの戸惑いから話し合いは始まった。しかし話し合いのプロセスで、田主からの反応は戸惑いから合意へと変化していった。この点については、後述の 1.8 において詳しく説明する。洲本市の域学連携事業で白石が洲本の関係者と交流があったこと、PS 洲本株式会社をそのために設立したという熱意、そして市役所の丁寧な対応、これらが相互の理解につながった。域学連携事業で学生が塔下エリアに入ってくることへの期待も表明されるようになった。

PS 洲本株式会社と洲本市役所との間では、「事業承継合意書」を取り交わして売電事業の主体が洲本市役所から PS 洲本株式会社に変更された。それと並行して、「行政財産使用許可書」「土地賃貸役契約書」も取り交わされ、洲本市役所も参加する取り組みということがこれらで確認されることになった。

田主との合意と並んで資金の調達は大きな課題であった。すでに紹介した「地域貢献型再生可能エネルギー事業の推進に関する協定」を締結することで、融資を淡路信用金庫と淡陽信用組合から受けることが確定した。両金融機関を巻き込む過程では、株式会社プラスソーシャルの深尾らの経験と交渉力が大きな役割を果た

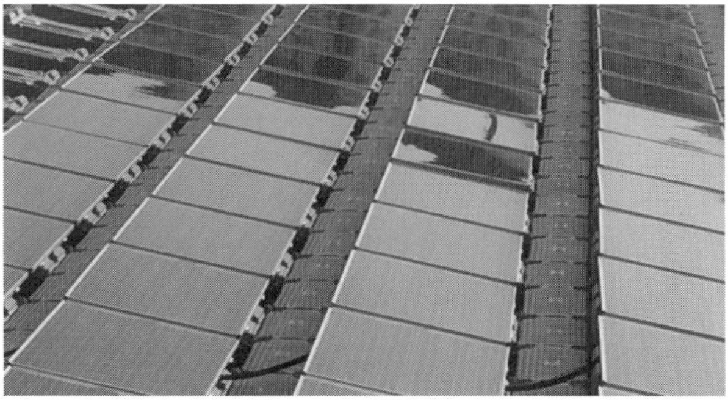
写真 2　塔下新池ため池ソーラー発電所のフロート部と発電パネル
筆者撮影

写真3　塔下新池ため池ソーラー発電所の竣工式
筆者撮影

した。事業費2200万円はすべて両金融機関からの融資によってまかなわれることになった。

「塔下新池ため池ソーラー発電所」は2016年11月に着工され、翌2017年1月に竣工式を迎えた。竣工式はPS洲本株式会社が主催し、洲本市長、洲本市議会議長と議員、田主、淡路信用金庫と淡陽信用組合それぞれの代表者が参加して執り行われた。建設の過程で学生と田主の関係性も生まれ、地域の事業としての気持ちが当事者にも高まっていった。発電設備容量は72.8 kWと決して大きなものではないが、地域を挙げての事業というアピールができたと考える。本事業によって、より多くのステークホルダーとの交渉が必要となる三木田大池での事業への道がひらかれた。

表 1-1　塔下新池ため池ソーラー発電所、龍谷フロートソーラーパーク洲本の経過

年度	月	内容
2016年度	6	電力事業会社である PS 洲本株式会社が設立
	7	PS 洲本株式会社、洲本市による塔下新池田主へのフロートソーラー事業の説明会合の開催
	9	洲本市から PS 洲本株式会社への塔下新池太陽光発電所に関する事業承継合意書の取り交わし PS 洲本株式会社が洲本市から塔下新池の行政財産使用許可書を受ける PS 洲本株式会社と洲本市の間で塔下新池の土地賃貸借契約書の取り交わし
	11	洲本市、淡路信用金庫、淡陽信用組合、龍谷大学地域公共人材・政策開発リサーチセンター（LORC）、PS 洲本株式会社と「地域貢献型再生可能エネルギー事業の推進に関する協定」を締結
	12	PS 洲本株式会社、洲本市による三木田大池田主へのメガソーラー事業の説明会合の開催
	12	学生が塔下新池フロートソーラー発電所の設置作業に参加
	1	PS 洲本株式会社、洲本市による三木田町内会へのメガソーラー事業の説明会合の開催
	1	塔下新池ため池ソーラー発電所竣工式。学生がデザインした看板を披露
	3	洲本市から PS 洲本株式会社への三木田大池太陽光発電所に関する事業承継合意書の取り交わし
	3	PS 洲本株式会社、洲本市による三木田町内会へのメガソーラー事業実施に向けた会合の開催
2017年度	4	PS 洲本株式会社、洲本市による三木田大池隣接住民（三木田町内会の一部）への戸別訪問説明
	4	PS 洲本株式会社、洲本市による三木田大池田主へのメガソーラー事業実施に向けた会合の開催
	5	PS 洲本株式会社と三木田大池隣接住民との意見交換会
	5	PS 洲本株式会社が洲本市から三木田大池の行政財産使用許可書を受ける
	6	PS 洲本株式会社が洲本市との間で三木田大池の土地賃貸借契約書の取り交わし
	7	龍谷フロートソーラーパーク洲本の起工式
	8	学生が三木田大池で龍谷フロートソーラーパーク洲本の建設作業を体験
	9	龍谷フロートソーラーパーク洲本の竣工式
	10	第 5 回プラチナ大賞優秀賞受賞（洲本市役所、龍谷大学、PS 洲本株式会社）
	1	平成 29 年度新エネ大賞審査員長特別賞受賞（PS 洲本株式会社、洲本市役所、龍谷大学）

筆者作成

1.7　三木田大池

1.7.1　龍谷フロートソーラーパーク洲本の事業スキーム

地域貢献型メガフロートソーラー発電所を三木田大池に建設することは、洲本市役所の中では以前から将来事業としてその可能性が考えられていた。そのため FIT 価格 36 円の段階で発電事業の認定を既に得ていた。その事業化は、株式会社プラスソーシャルによる検討の結果、発電事業者として設立された PS 洲本株式会社が担うこととなった。

三木田大池は洲本市中川原町に所在する洲本市役所が所有するため池で、満水面積 4.8 ヘクタールと洲本市内でも規模の大きなため池である。県道整備によって道路が堤防の役割を果たすように建設され、それにともなって余水吐《よすいばけ》（満水になったときに水を逃がす設備）も大がかりに再整備されたため池である。道路沿いに高圧線もあり系統連携接続に適した場所である。秋から初冬にかけて水を抜く地域ルールがあり、年間の水位変動が大きいことに適合した設計が求められた。

三木田大池の発電設計においては、フロートパネルが水位変動に柔軟に対応できるように、太陽光発電パネルが複数のモジュールを構成しそれらを緩やかに連結させる構造とした。日本製のフロート架台に日本製の太陽光発電パネルの組み合わせで、ため池発電で実績のある積水ハウス株式会社を建設者とし、PS 洲本株式会社が実績のある設計コンサルタントに委託して設計図を作成した。

三木田大池のため池フロートソーラー発電事業において、最大のポイントは事業スキームの構築であった。図 1-2 がその事業スキームである。こ

- 所在地　洲本市中川原町三木田1242-1
  （満水面積4.8ha）
- 設置規模　1,706kW
  （出力1,500kW、設置面積1.8ha）
- 事業費　約７億円
- 事業期間　21年
  （設置・撤去期間含む）
- 年間発電量　約207万kWh
- 事業主体　PS洲本㈱
- 竣　工　2017年9月

写真４　龍谷フロートソーラーパーク洲本の概要

PS 洲本提供　©PS 洲本

こでの特色は、龍谷大学が出資する３億円の金銭信託と、淡路信用金庫と淡陽信用組合によるそれぞれ２億円近い融資とを組み合わせることにあった。それを信託事業としてPS 洲本株式会社が信託会社と事業に取り組んだことに工夫がある。

すでに述べたように、龍谷大学は社会的責任投資（SRI：Socially Responsible Investment）のための投資規定によって、地域貢献型メガソーラー事業に出資していた。本案件もその対象事業となるように、龍谷大学での学内合意を得るようにした。龍谷大学が委託者として信託会社に金銭信託をし、信託会社はその運用益を元本保証する形で龍谷大学に給付するという仕組みになっている。龍谷大学は、出資に対して一定利率の運用益を得るだけでなく、大学の社会貢献活動に対する事業会社からの若干の寄付金を得ることになっている。学内合意の過程については紹介を省くが、龍谷大学教員で株式会社プラスソーシャルの深尾が最も大きな努力を払ったのは、信託会社を探すことであった。この程度の事業規模では事業を積極的に受ける信託会社がなく、最終的には日立キャピタル信託株式会社に引き受けてもらうことになったが、そこに至るまでの交渉が難題であった。

事業会社であるPS洲本株式会社は日立キャピタル信託株式会社と信託契約を結び、その信託事業体が売電料を関西電力から受け取り、金融機関への元利返済、龍谷大学へ運用益の給付などを行う形を取る。一般的なリスクに備えて保険会社との保険契約を結ぶだけでなく、万が一の事態に対して事業信託の受益権を信託会社が保有する仕組みをとっている。FITによる売電収入が得られる20カ年の間で、金融機関からの融資の元利返済はできる限り早く実施する一方で、龍谷大学への信託の償還はその期間を長く取ることで、PS洲本株式会社の事業の計画的な収支が確保されている。PS洲本株式会社では、役員は大学教員が担っており、また当面は専任のフルタイムのスタッフも置いておらず、会社の給与負担を最小限にす

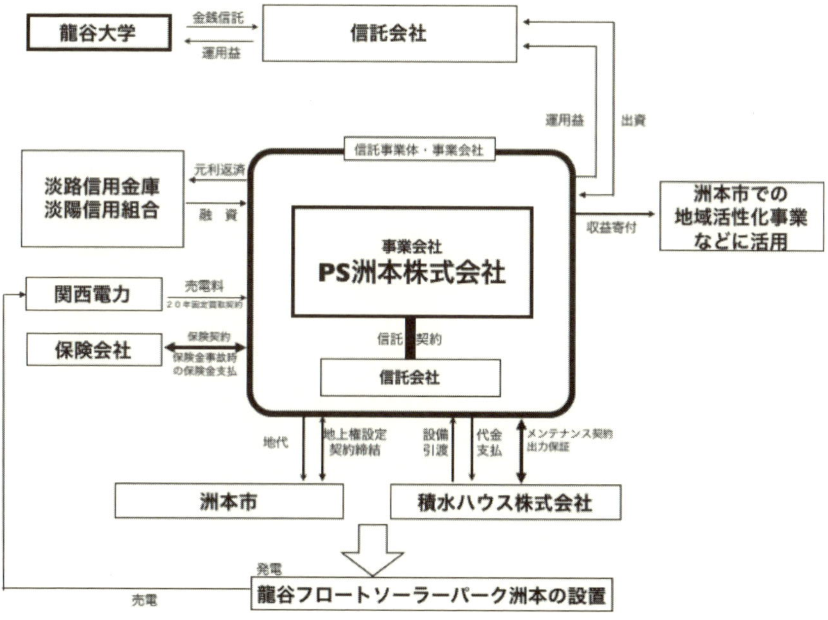

図1-2　龍谷フロートソーラーパーク洲本の事業スキーム
竣工式記者用配布図　©PS洲本

る形で事業をスタートさせた。こうして収益に当たる部分をできる限り多くし、収益部分から実費を引いた資金を地域の活性化事業やため池の維持管理活動にあてることを事業スキームとして構築した。

三木田大池の事業も、塔下新池の事業と同様に、FIT 期間終了後は原状復帰をすることを洲本市役所との文書で取り交わしており、そのための事業費の積み立ても行っており、発電施設が「作りっぱなし」の状況とならないようにしている。

1.7.2　設置までのプロセスと今後の見通し

塔下新池でのフロートソーラー発電事業については、あとで紹介するように、学生を交えたワークショップから事業のプロセスをスタートさせた。しかしながら三木田大池における事業のプロセスには、学生は全く参加していない。これにはいくつかの理由があった。

一番大きな理由は、三木田大池に関わるステークホルダーは塔下新池よりもはるかに多いことにあった。三木田大池の水利権者である田主の田主員は 94 名で、すべての田主員と一同に会する形での合意形成のプロセスデザインをすることはできなかった。全員総会の形ではなく、田主役員との交渉によって、各地区田主の総意をまとめる方法をとることが田主側からも要望された。さらにそれに加えて、三木田大池の用水を利用している農家は、三木田大池から離れた地区の住民であり、三木田大池がある町内会の 103 戸とはまた別に合意形成に向けた取り組みが必要であった。さらには直接的に三木田大池に面する住戸は、その内の 14 戸であり、特段の配慮が求められていた。

副次的な理由としては、合意形成の過程が 12 月にスタートして翌年 3 月までを想定していたため、学生が講義の一環で関わることが難しい期間にあたっていたことがある。それと同時に、域学連携の活動サイトとして学生が関わることにも難しさがあった。エリアが広範囲すぎ、またステークホルダーはみな農家とは限らないため、性急に発電事業と結びつけて学生の活動を提示することには慎重さが必要であった。具体的な地域からのニーズをまとめるには、時間をかけるべきとの判断を龍谷大学関係者はしていた。

三木田大池の田主にむけたPS 洲本株式会社と洲本市役所による説明会合が開催されたのは2016年12月のことであった。経済産業省の方針が新たに出されたことによって、FITの売電価格36円を維持するために、2017年3月までに事業開始の見通しが求められるという事情から、時間を限っての議論ということで、田主の中からは事業ありきではないのかという批判も出された。それ以降のやりとりの過程も含めて論点となったのは、事業に係る地元の負担あるいは役割、発電施設のトラブルの際の対応、ため池としての利用の制約の有無、事業終了後の発電施設の撤去と原状復帰、事業者だけでなく市役所の積極的な関与、地元への還元の具体的な内容などであった。また町内会からの合意を得ることが先ず以て必要との要望も出された。

翌2017年1月にPS 洲本株式会社と洲本市役所による三木田町内会への説明会合が開催された。ここでは、発電所が近隣への迷惑施設にならないかの危惧（とりわけ反射光）、フロートパネルの流出など事故への懸念、地域貢献型発電事業という事業コンセプトそのものへの戸惑いが出された。当然ながら、近隣14戸に対する丁寧な説明と合意形成への要望が出された。

田主からの要望を考慮して、三木田町内会の合意と近隣各戸の了解を得ることを先行させつつ、ステークホルダーとの交渉は進んでいった。図1-3は発電施設の配置計画図である。当初提示した計画図では、パネルの枚数はもう少し多く、また配置形状はもっとシンプルであった。PS 洲本株式会社とその技術コンサルタントは、反射光への懸念を受けて、近隣全戸個別に反射光の年間の反射をシミュレートし、それを用いて近隣各戸への説明を行った。そうしてできあがったのが図1-3の計画図であった。

短期間で事業の合意を得るまでに、PS 洲本株式会社と洲本市は、繰り返しステークホルダーとの議論を重ねた。先行した塔下新池ため池ソーラー発電所の事業があったことで、非営利株式会社や地域貢献型発電事業というコンセプトの理解が得られやすかったことが、大きな助けとなった。合意の中には、フロートソーラー発電設備の目視点検、農業用水利用あるいは秋冬季の水抜きによる大きな水位変動に際しての連絡調整、ため池堰堤の維持管理、そしてPS 洲本株式会社からの田主ならびに町内会への一定金額の寄付ないし委託の支払い、事業終了後の撤去と原状回復・ため池浚渫などが盛り込まれた。

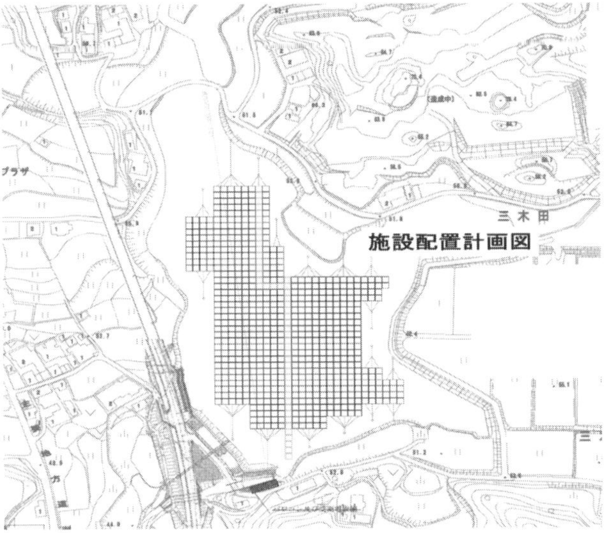

図 1-3　龍谷フロートソーラーパーク洲本の施設配置計画図
PS 洲本提供　©PS 洲本

水抜き後は着床するモジュールがあるため、浮いた状態の方が工事しやすいという技術的要望が施工業者から寄せられていたために、秋季の水抜き前に工事を終わらせる工期を組むことになった。契約などの文書書類を慌ただしく取り交わす中で、2017 年 7 月 3 日に「龍谷フロートソーラーパーク洲本」と

写真 5　龍谷フロートソーラーパーク洲本のフロート部と発電パネル
筆者撮影

名付けられた発電施設のPS洲本株式会社による起工式が行われた。起工式には、洲本市長、洲本市議会議長並びに議員、龍谷大学学長、淡路信用金庫、淡陽信用組合、日立キャピタル信託株式会社、積水ハウス株式会社、そして三木田大池田主役員、三木田町内会役員、近隣住民からなる三木田大池太陽光発電事業を推進する会の隣席を得た。

写真6　龍谷フロートソーラーパーク洲本の全景　筆者撮影

写真7　龍谷大学入澤学長と
白石（PS洲本株式会社代表取締役、LORCセンター長）
龍谷大学学長室広報課提供

設置工事の過程では、域学連携事業に参加する学生の建設作業体験も行われた。またため池が県道に面していることもあって、域内外の人々の目に触れる工事となった。工事は順調に進み、9月27日に再び関係者が参加して、竣工式が執り行われた。

「龍谷フロートソーラーパーク洲本」の発電設備容量は1,706 kW、設置面積1.8ヘクタールであり、ため池発電としては規模の大きな施設となっている。

「塔下新池ため池ソーラー発電所」ならびに「龍谷フロートソーラーパー

ク洲本」の取り組みは、地域貢献型再生可能エネルギー事業としてプラチナ大賞優秀賞、そして新エネ大賞審査員長特別賞を相次いで受賞（受賞者：洲本市役所、LORC、PS 洲本株式会社）し、事業の成果を発信することができた。

1.8　塔下新池における学生教育アプローチ

塔下新池では、社会的事業アプローチ（PS 洲本株式会社による地域貢献型再生可能エネルギー事業）と、学生教育アプローチ（龍谷大学政策学部洲本プロジェクト）の二つが並行して展開されてきた。ここでは、塔下新池を管理する田主との学生教育アプローチについて述べる。

洲本プロジェクトの学生が初めて塔下新池を訪れたのは 2015 年 8 月である。公民館で開いた意見交換ワークショップには、洲本市役所職員、田主、学生、教員が参加して、再生可能エネルギー事業の収益を地域に還元する意義を伝えた。初めての顔合わせで雰囲気は固く、田主からの質問は塔下新池でフロートソーラー発電を実施した場合のリスクとその対応に集中した。

学生の二度目の訪問はその翌年 2016 年 8 月になる。塔下新池を見学しながら田主と共に洲本市役所 T 氏から事業概要を聞き、前年度と同じく公民館で意見交換の場をもった。すでに T 氏から懸念事項やリスク対応、田主の役割について何度も説明されていたため、この時は、事業を想定した質疑応答や具体的な解決すべき課題が挙げられた。

2016 年度の洲本プロジェクトではチーム編成で塔下班をつくり、履修生 23 名のうち 7 名が参加して、発電所の名称考案、看板デザイン、設置工事への参加、竣工式の企画・実施を行った。発電所名の名称とキャッチコピーを提案した結果、「塔下新池ため池ソーラー発電所」、「地域の資源を地域の力に」が採用された。看板デザインを 3 案作成して PS 洲本株式

写真8　フロートに設置したソーラーパネルを池の上に浮かべる作業
筆者撮影

写真9　竣工式で看板デザインについて説明する学生
筆者撮影

会社、塔下新池田主、洲本市に提案し、太陽をイメージした鮮やかなオレンジのデザインが選ばれた。

設置工事には、2016年12月に建設会社の協力により学生も参加する機会を得た。プラスチック製のフロートを連結して列をつくり、その上にソーラーパネルを設置して架台に固定する。そのあとフロート部を押し出して池の上に浮かべていく作業であった（写真8）。当日は新聞やケーブルテレビの取材があり、学生のインタビュー記事や作業の様子が掲載された（掲載紙は表1-2参照）。

2017年1月29日に執り行われた塔下新池ため池ソーラー発電所の竣工式で、学生は受付や司会、事業概要の紹介、看板の説明などを担当し、ぜんざいをふるまった。除幕式で初めて公開された看板を前にデザインを担当した学生からは、発電所が将来にわたって地域活性化に貢献することを願ってデザインを考えたこと、本事業に関わることが貴重な体験であったことが述べられた（写真9）。学生の手づくり感あふれる式典は好評で、

地域と大学の連携が地域貢献型再生可能エネルギー事業として実を結んだ

表 1-2　塔下新池ため池ソーラー発電所、龍谷フロートソーラーパーク洲本の報道一覧

報道日	媒体名	タイトル
2016 年 11 月 10 日	産経新聞	ため池に太陽光発電設置へ、洲本市、龍谷大などと協定、売電収益で農山漁村活性化
2016 年 11 月 15 日	淡路島テレビジョン	地域貢献型再生可能エネルギー事業推進に関する協定締結式
2016 年 12 月 7 日	読売新聞	太陽光発電ため池活用、洲本市活性化へ新事業、売電収益で農業支援 災害時の非常電源
2016 年 12 月 19 日	読売新聞	ため池　太陽光パネル設置、洲本市事業 龍谷大生も参加
2016 年 12 月 20 日	神戸新聞	太陽光パネルため池に、洲本市と龍谷大連携 学生 15 人作業協力
2017 年 1 月 31 日	毎日新聞	農業用ため池にソーラー発電、洲本・一般家庭 24 戸分 年間 200 万円収入
2017 年 1 月 31 日	産経新聞	ため池太陽光発電で地域活性化、洲本・塔下新池に完成 売電益活用のモデルに
2017 年 1 月 31 日	読売新聞	ため池生かし次世代に、洲本市と龍大 太陽光発電設備完工
2017 年 1 月 31 日	神戸新聞	ため池に太陽光発電所、洲本で完工式、市と龍谷大学連携、利益は農山漁村活性化に
2017 年 1 月 31 日	淡路島テレビジョン	「塔下新池ため池ソーラー発電所」竣工式
2017 年 2 月 1 日	朝日新聞	浮かぶ発電所　町を元気に、洲本「ため池ソーラー」完成、市と龍谷大など連携 売電の利益 地域に還元
2017 年 7 月 4 日	産経新聞	ため池太陽光発電　起工式、洲本・三木田大池 収益で地域貢献
2017 年 7 月 4 日	神戸新聞	洲本市ため池で太陽光発電、龍谷大との連携事業 起工式
2017 年 7 月 4 日	淡路島テレビジョン	「龍谷フロートソーラーパーク洲本」起工式
2017 年 7 月 5 日	朝日新聞	ため池で太陽光発電、洲本で起工 収益、地域に役立てる
2017 年 7 月 6 日	読売新聞	三木田大池で太陽光発電、洲本 10 月完成向け起工式
2017 年 9 月 28 日	産経新聞	ため池太陽光発電 完成、三木田大池 モデル事業として期待、龍谷フロートソーラーパーク洲本
2017 年 9 月 28 日	読売新聞	三木田大池の発電施設完成
2017 年 9 月 28 日	毎日新聞	ため池で出力 1.7 メガワット、メガソーラー完成「地域活性化へ」洲本
2017 年 9 月 28 日	淡路島テレビジョン	「龍谷フロートソーラーパーク洲本」竣工式
2017 年 9 月 29 日	神戸新聞	洲本市と龍谷大学建設、太陽光発電施設が完成、年内にも稼働 収益は地域還元
2017 年 10 月 3 日	朝日新聞	太陽光発電施設、完成、洲本・三木田大池にパネル 6300 枚

出典：白石克孝・櫻井あかね・中村保ノ佳（2019：38）表 2

ことを関係者に発信する機会となった。

参照文献

櫻井あかね（2017）「再生可能エネルギー事業にみる官民・民民連携――地元企業・市民団体・大学イニシアティブの事例から」白石克孝・的場信敬・阿部大輔編『連携アプローチによ　るローカルガバナンス――地域レジリエンス論の構築にむけて』pp. 162-180

白石克孝（2013）「地域再生可能エネルギー基本条例制定による地域貢献型発電事業への展望」日本エネルギー学会編『日本エネルギー学会誌』、第 92 巻 7 号 pp. 627-632

白石克孝 (2014)「地域インフラとしての大学」白石克孝・石田徹編『持続可能な地域実現と大学の役割』日本評論社

白石克孝、櫻井あかね（2016）「地域エネルギー政策に関する考察― 再生可能エネルギー基本条例を題材に」日本エネルギー学会編『日本エネルギー学会誌』第 95 巻 11 月号、pp.974 － 979

白石克孝・櫻井あかね・中村保ノ佳（2019）「龍谷大学政策学部による域学連携の取り組み（下）―兵庫県洲本市を事例に―」龍谷大学政策学会編『龍谷政策学論集』第 8 巻第 1･2 合併号

洲本市 (2006)「洲本市統計書平成 28 年度版」

洲本市 (2014)「洲本市バイオマス産業都市構想」

洲本市 (2015)「洲本市市政要覧」

兵庫県企画県民部ビジョン課（2016）「21 世紀兵庫県長期ビジョンの推進状況（平成 27 年度）」

独立行政法人科学技術振興機構　社会技術研究開発センター（2014）『「地域に根ざした脱温暖化・環境共生社会」研究開発領域・プログラム成果報告書』

2 章
地方自治体における
再生可能エネルギー基本条例

2.1　基本視角

社会科学とりわけ筆者が専攻する公共政策学や行政学の立場から、農山村再建による地域活性化と再生可能エネルギーの利活用というテーマを論じる際には、次の点が自然科学を専攻する方々との発想法の違いになる。地域社会にとっての適正技術とは何かという問いに対して、技術的合理性だけを尺度とするのではなく、地域住民や地域諸組織のエンパワーメントにつながるかを同じく重要な尺度とすることである。

現代の民主主義論は、ある政策決定によって影響を受ける可能性のあるすべての者が、その決定過程に組み込まれるべきと考える。地域住民や地域組織は、何らかの形での政策への関与や参加によって、地域社会の担い手としてしての力を獲得していくということが様々に実証されている。地域の再建や活性化を進めるというのは、参加によるエンパワーメントを通じて実現するのが現代的な政策アプローチであり、その結果として地域民主主義の成熟が促されることになると描かれている。

再生可能エネルギーによる地域エネルギー政策は、地域資源を地域のために活用する考え方が地域住民にとって直感的に受けとめやすく、地域住民や地域諸組織のエンパワーメントを通じた内発的な地域活性化と地域再建へと結びつく蓋然性の高い政策領域となり得ると筆者は考えている。

筆者らは、科学技術振興機構（JST）社会技術研究開発センター（RISTEX）の「地域に根ざした脱温暖化・環境共生社会」研究開発領域の採択プロジェクト「地域再生型環境エネルギーシステム実装のための広域公共人材育成・活用システムの形成（2010年10月～2013年9月）」に取り組む中で、同研究開発領域長である堀尾正靭の主唱を受けて、先進的な地方自治体が再生可能エネルギー基本条例を制定して、パラダイム転換にむけた地域エネルギー政策確立への牽引役となることを提起した。上記JSTの旧研究開発領域の成果として得られたツールを地域に統合実装するための研究プロジェクト「創発的地域づくりによる脱温暖化」を同じくJSTのRISTEXの採択事業（2014年4月～2017年3月）として引き続き実施した。さらに地域公共人材・政策開発リサーチセンター(LORC)の研究課題の一部ともした。

本章では、FIT導入後の発電施設建設の動向を分析し、地域再生可能エネルギー基本条例制定の内容と意義について考察する。

2.2　地方自治体と基本条例制定

地方自治体は、憲法第94条によって法律の範囲内で条例を制定できることが保障されている。1999年の地方自治法改正で、地方自治体の条例制定権が一定程度強化されたことにともない、地方自治体の政策形成及びその実現のための手段として条例を積極利用すべきとの声が強まった。地方自治体の運営全般にわたる基本理念や基本原則として自治基本条例（まちづくり基本条例等の呼称でも制定されている）を制定する動きが広がっている。地方自治体の組織や運営については諸法令で詳細に規定されているが、それらから地方自治体の運営や自治に関する基本理念が明らかになる訳ではない。そこで自治基本条例は基本理念や基本原則を条例として謳うことで、それぞれの地方自治体のまちづくりに対する考え方を示そうとする。

自治基本条例は基本的な考え方を述べた、いわゆる「理念条例」として考えられている。制定した自治体では「自治体の憲法」、「自治体の最高規範」といった言い方をしていることも多い。自治基本条例の内容にはこれがなくてはならないというものはなく、それぞれの地方自治体が自らの考え方を条文や条例の手引書（公式の条文解説文書）にあらわしている。一般的には、住民自治の強化や協働の発展という発想から、行政の役割や責務、住民の権利や責務などを規定しつつ、情報公開を促進し、住民参加手法の根拠や手続を定めている。

自治基本条例は1999年の「ニセコ町まちづくり基本条例」が第1号である。ニセコ町まちづくり基本条例43条では、「町は、この条例に定める内容に即して、教育、環境、福祉、産業等分野別の基本条例の制定に努めると共に、他の条例、規則その他の規程の体系化を図るものとする」と規定している。最近では、自治基本条例を頂点として、環境基本条例や福祉基本条例などの政策分野別の基本条例をその下に位置づけて制定している地方自治体が増えている。

自治基本条例あるいは政策分野別の基本条例は理念条例として評されるが、実際には具体的な政策実施についても一定の言及があることも多い。さらに基本条例の理念を実現するための施策を盛り込んだ基本計画が策定されていこともある。環境基本条例を制定している地方自治体では、環境基本条例の規定に基づいて環境基本計画を策定しているケースが一般的である。

日本の地方自治体が包括的な地域エネルギー政策を持つことはまれであった。近年、温暖化・気候変動への対策の必要性が強く意識されるようになり、地方自治体が再生可能エネルギーの利活用への提案を考え始めるようになってきた。再生可能エネルギーの利活用の推進は、地域産業振興や住民自治の促進といった側面からも注目されている。今後は正面から再生可能エネルギーの利活用を掲げる自治体が増えてくるであろう。これに対応する新たな政策分野別の基本条例策定の提案がなされている。それが地域再生可能エネルギー基本条例（地域自然エネルギー基本条例）である。

2.3　地域再生可能エネルギー基本条例の制定

再生可能エネルギーの利活用にこれまでにない関心が高まるにつれて、

エネルギーは域外から購入するものという発想に疑念が生まれ、地域エネルギー政策を持とうとする地方自治体が出てきた。また市民共同発電という言葉に表れているように、地域の人々や地方自治体が発電施設を建設しようという事業も広がり始めている。

一方で、市民参加や市民出資を活用した再生可能エネルギー事業を推進するために地方自治体のエネルギー政策が望まれている。またその一方で、「収奪」型になりかねない立地に対して何らかのルールを含む対応が望まれている。こうした状況変化を受けて、地域再生可能エネルギー基本条例（地域自然エネルギー基本条例）の制定の動きが始まった。

福島の原子力発電所の事故を契機に、地域で再生可能エネルギーを推進するための条例の検討がいくつかの自治体で始まった。鎌倉市議会は議員提案により「鎌倉市省エネルギーの推進及び再生可能エネルギー導入促進に関する条例」を2012年6月に制定した。脱原発に言及する条例として特色ある条例である。条例の制定段階では、市役所の体制づくりも含めた検討を議会から執行機関（市長）に渡したという状況であった。

市役所の体制づくり、議会合意も含めて、全市的な取り組みとして地域再生可能エネルギー基本条例を制定した地方自治体の第1号は滋賀県の湖南市である。「湖南市地域自然エネルギー基本条例」は2012年9月に制定された[1]。基本条例という言葉を用いて条例の位置づけを示したという点はもちろんのこと、条例の目的について「地域に存在する自然エネルギーは地域固有の資源であり、地域に根ざした主体が、地域の発展に資するように活用することが必要である」と謳っているところに第1号としての先進性がある。

地域の再生可能エネルギー資源を「地域固有の資源」とすることで、資源の利活用について枠付けができるようにしようとしている。もちろん外部からの投資を否定しているものではないが、「地域に根ざした主体」を

---

1 湖南市HP http://www.city.konan.shiga.jp/cgi/info.php?ZID=15303&BCD=381800 からダウンロードが可能

事業のステークホルダーとすることで、再生可能エネルギーの利活用を通じた地域の再建や活性化への道筋を示そうとしたものである。

筆者たちはこのタイミングをとらえて、再生可能エネルギー基本条例制定に関心のある自治体を招いて、シンポジウムを開催した。スピーカーは、湖南市、新城市、そして飯田市の担当であった。湖南市は制定したばかり、他の2市はそれにつづいて制定準備の最終プロセスに差しかかっていた。本章は、2012年10月のシンポジウムで発表された情報とその後の制定を受けて解説を試みるものである。

湖南市は前年2011年度に総務省の「緑の分権改革」を受託し、その重点プロジェクトのひとつとして「自然エネルギー」を掲げ、出資型の太陽光発電事業の展開を準備していた。事業を促進する体制を作るために、また事業利益を地域に還元する仕組みを住民や出資者に納得してもらうために、地域再生可能エネルギー基本条例制定への取り組みが必要であったといえる。

条例制定後の湖南市は、コナン市民共同発電所プロジェクトを行政と市民の協働ですすめ、太陽光発電によるコナン市民共同発電所の設置に取り組み始めた。出資者に対して地域商品券（地域通貨）によって出資配当をして地域社会貢献型の発電を目指している。また出資を扱う部分の事業を民間の証券会社に担わせている。市民共同発電所にとって出資という形の金融商品を扱うことができる事業体となることはハードルの高い課題であったが、信託会社を事業パートナーとすることでひとつの解決法を示した。

愛知県の新城市は地域再生可能エネルギー基本条例を制定した2番目の事例である。湖南市が再生可能エネルギー推進に条例制定の主たる狙いがあったとすれば、新城市は「収奪」型の立地をいかに防ぐのかというのが条例制定の最初の関心事であった。

新城市は風力発電の適地でもあるため、域外2社から発電事業の風況調査・立地調査を伝えられていた。その最初の提示では2社で計22機の大型風車が設置されることになっていた。さらにそれに続く会社も現れようとしていた。それらのウィンドファーム計画では、都市計画区域には指定されていない地区が風力発電施設建設開発適地とされており、環境基準なども適応されない。この段階では風力発電施設は法律によるアセスメントが義務づけられていなかった。住民の不安払拭や合意形成にこれら企業が積極的に対応するかどうかについても確信を持てない状況であったため、例えば民家への騒音被害を考慮した住居からのセットバック距離（最低で500メートルとなった）などを規定することが早急に要ると判断された。

新城市はまず2009年2月にこれまで締結していた市内企業との公害防止協定を見直し、「地球温暖化防止」や「周辺住民とのコミュニケーション」などを盛り込み、環境保全協定として再締結した。次いで2010年4月に「新城市風力発電施設等の建設等に関するガイドライン」を示して[2]、既存の関係法令による規制のほか、環境の保全及び住民への影響の観点から自主的に遵守すべき事項や調整手順を明らかにした。長期間地域に存在する施設であることを考えれば、地域の発展に資する活用スキームが当初から念頭に置かれるべきと考えて、2012年12月に地域再生可能エネルギー基本条例と位置づけられる「新城市省エネルギー及び再生可能エネルギー推進条例」を制定した[3]。

地域で生まれた再生可能エネルギーは地域固有の資源であるという考え方から、同条例第3条の「基本理念」の第2項では、「地域に存在する再生可能エネルギーは、地域固有の資源であり、経済性に配慮しつつ活用されるものとします」と資源の位置づけが明確にされている。第3条第3項では、「地域に存在する再生可能エネルギーは、地域に根ざした主体が、地域の発展に資するように活用されるものとします」と地域主体に言及する。そして第3条第4項では、「地域に存在する再生可能エネルギーの活用に当たっては、地域ごとの自然条件に合わせた持続性のある活用法に努め、地域内での公平性及び他者への影響に十分配慮するものとします」として、「収奪」型の立地とならないような枠づけを行っている。

---

2 新城市 HP　http://www.city.shinshiro.lg.jp/index.cfm/6,9384,c,html/9384/20100520-132412.pdf からダウンロードが可能

3 新城市 HP http://www.city.shinshiro.lg.jp/index.cfm/9,30237,140,html からダウンロードが可能

さらに新城市では、同条例の制定にともなって、先ほど改訂した環境保全協定の締結事業者に太陽光、水力、バイオマスなどの再生可能エネルギー事業者を加える見直しを実施した。土地利用規制については、環境審議会に専門委員を設置しながら、地域住民をサポートできる体制を整えていくこととした。こうした新城市のような機敏で実際的な政策対応がなされることは例外的であり、多くの場合、地方自治体の政策法務を含む政策能力が問われるというのが実情である。

2.4　地域再生可能エネルギー基本条例の条文構成

湖南市、新城市、両市の地域再生可能エネルギー基本条例では、「前文：制定の趣旨」、「条例の目的」、「用語の定義」、「基本理念」、「市の役割」、「市民の役割」、「事業者の役割」、「連携の推進」がそれぞれ条文として制定されている。湖南市の場合には「学習の推進及び普及啓発」が条文にあてられており、新城市の場合は「再生可能エネルギー事業者の役割」、「再生可能エネルギー導入状況などの公表」が条文にあてられている。現在、地域再生可能エネルギー基本条例の準備をしているいくつかの自治体では、「基本計画の策定」などが盛り込まれようとしている事例もある。

2013年3月に制定された「飯田市再生可能エネルギーの導入による持続可能な地域づくりに関する条例」は、いわゆる理念条例としての地域再生可能エネルギー基本条例に加えて、具体的な政策や予算付けについても言及した条例となっている[4]。とりわけ「基本理念」にあたる条文を「地域環境権」「地域環境権の行使」として条文としているのがユニークでチャレンジングな点である。

同条例の第4条では、「飯田市民は、自然環境及び地域住民の暮らしと

---

4 飯田市 HP http://www.city.iida.lg.jp/iidasypher/www/info/detail.jsp?id=10309 からダウンロードが可能

調和する方法により、再生可能エネルギー資源を再生可能エネルギーとして利用し、当該利用による調和的な生活環境の下に生存する権利を有する」として、「地域環境権」を宣言する。「地域環境権の行使」にあたっては、第4条第3項で「再生可能エネルギー資源が存する地域における地域団体による意思決定を通じて行使される」ことが要件の1つとされている。

飯田市（条文では市長）は、地域環境権を保障するために、基本計画を策定する（第5条第1項）と共に、飯田市民の地域環境権の行使を協働により支援する（第5条第2項）ことを明記している。地域団体等の意思決定を経て実施される再生可能エネルギー活用事業を支援することを謳われている（第8条第1項第2項）。その具体化のために、第9条と第10条で、支援のための申し出制度、申し出者に対する市長からの指導、助言等の仕組み、協働による公共サービス（公共サービス基本法による）と決定された事業を「地域公共再生可能エネルギー活用事業」として支援する事項が列挙明記されている。域外からの事業者については、地域公共再生可能エネルギー事業の実施者を公募する制度を設け、市からの支援が適用される（第11条）。

地域再生可能エネルギー基本条例はまだ制定の動きが始まったばかりである。上に紹介した事例を見ると、ひな形条例と呼ばれるような国や都道府県が参考のために提示した条例準則あるいはモデル条例に沿って制定されたものでは全くなかった。地方自治体がそれぞれの課題解決に向けた取り組みプロセスの結果として制定されたものであった。

2.5　再生可能エネルギー基本条例の傾向分析

地域エネルギー政策を行政政策として成り立たせるには、地域に存在する再生可能エネルギー資源は地域固有の資源であり、地域に根ざした主体により、地域に貢献するように活用されることが原則であるということを、地域エネルギー政策の基本理念に据えなくてはならない。これは地方行政にとってはパラダイムの転換ともいえることである。

新たなパラダイムを欠いたFIT導入が、地域を単なる立地場所としてしか考えない、域外からの「収奪」型の発電事業者を優位にさせてしまった。今後も続くエネルギー自由化の中で、FIT開始時のチャンスを地域側が活用しきれなかった轍を繰り返さないためには、自治体と地域に根ざした民間事業者・市民を主体と位置づける地域エネルギー政策の構築が進めるにはどのような取り組みが求められるのか。

龍谷大学地域公共人材・政策開発リサーチセンター（LORC）は、すでに一部を紹介したように、再生可能エネルギー基本条例の制定促進に向けた情報交換やシンポジウム、フォーラムなどの機会を度々設けてきた。2016年1月に「地域再生可能エネルギー基本条例の制定講座＆エネルギーの未来を考える円卓会議」を開催した。当時制定が確認された全ての自治体を招待して、その多くの参加を得て、同円卓会議は開かれた。

写真10　再生可能エネルギー基本条例シンポジウム

写真11　エネルギーの未来を考える円卓会議

表2-1「再生可能エネルギー基本条例の分類表」は、筆者（櫻井あかね）調査による制定市町村一覧である。なお、府県の条例、再生可能エネルギー検討委員会や基金の設置に関する個別条例は省いている。制定年別では、2012年に7市町、2013年に6市町、2014年に8市町、2015年に6市町、2016年の4月までに2市町、2016年4月末で合計29の自治体において再生可能エネルギー基本条例が制定されている。

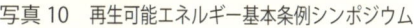

筆者らは、制定された再生可能エネルギー基本条例を制定時期と条例内容とから、大きく三つの画期が存在すると分析している。2016年1月には、再生可能エネルギー基本条例を有する全自治体に声がけをして「地域再生可能エネルギー基本条例の制定講座＆エネルギーの未来を考える円卓会議」と題する会議を実施した。筆者達の画期について政策担当者からも理解と同意が得られた。

背景まで探っていけば相互に重なる動機もあるが、現在までに制定されている再生可能エネルギー基本条例の前文と目的・趣旨などを比較すると、そこから「事業促進」「地域資源」「事業抑制」の三つの要素を抽出することができる[5]。この三つの要素の登場をメルクマールとしてみれば、再生可能エネルギー基本条例の条例制定の主たる狙いを、「発電事業を促進する」→「地域資源は地域に資するように活用する」→「地域の自然景観などを守る」というように時期区分することができる。

当初はFITの施行にむけて、あるいは福島の原発事故を受けて、地域で再生可能エネルギーの事業を推進して、低炭素社会構築や経済活性化を実現しようとする政策目標、すなわち「事業促進」が主たる条例の意図であった。「再生可能エネルギー導入に向けての町民への必要な支援」（日南町）、発電事業者に対する固定資産税免除やその他必要な施策の展開で企業誘致を促進（榛東村、東神楽町）、といった再生可能エネルギーの利活用施設の立地が想定された地域での条例制定が始まった。都市部地域の条例では、福島の原発事故と計画停電の事態に対して、「エネルギー政策の転換を図ることが急務」（鎌倉市）、「市民の健康で文化的な生活の確保」（豊田市）を掲げた条例が制定された。

すでに紹介したように、再生可能エネルギー基本条例の意義づけを明確にする上で大きな画期となったのは、滋賀県の湖南市の「湖南市地域自然エネルギー基本条例」であった。基本条例という言葉を用いて条例の位置

5 各市町の再生可能エネルギー基本条例の本文は、各市町のウェブサイトからダウンロードが可能。

づけを示したという点はもちろんのこと、条例の目的について「地域に存在する自然エネルギーは地域固有の資源であり、地域に根ざした主体が、地域の発展に資するように活用することが必要である」と謳っているところに先進性がある。再生可能エネルギー資源を地域固有の「地域資源」として初めて明確にしたのである。

地域の再生可能エネルギー資源を「地域固有の資源」とすることで、「地域が主体となった地域社会の持続的な発展」を市が施策として取り組むことが明示され、資源の利活用について枠付けができるようにしようとしている。もちろん外部からの投資を否定しているものではないが、「地域に根ざした主体」を事業のステークホルダーとすることで、再生可能エネルギーの利活用を通じた地域の再建や活性化への道筋を示そうとしたものである。

条例制定後の湖南市は、コナン市民共同発電所プロジェクトを行政と市民の協働ですすめ、太陽光発電によるコナン市民共同発電所の設置に取り組み始めた。出資者に対して地域商品券（地域通貨）によって出資配当をして地域社会貢献型の発電を進めている。

「地域資源」という考え方は、FIT 開始を意識した湖南市の再生可能エネルギー基本条例がモデルとなり、以後踏襲されていく。新城市では、再生可能エネルギー条例の制定によって、地域資源の域外投資による「収奪型」利用への歯止めも含めた活用のルールが定着していく。発電施設設置者に対しては、行政や地元との話し合い、環境保全協定の締結、災害時の非常用電源に協力を求める一方で、行政側は市が関与する法的規制等の状況について発電施設設置者に情報を一括提供することとした。この成果として、どこに誰の発電施設が建つかが市行政に分からないような状況をほぼ解消することができたとする。その後の条例の改定で、市が後押しできる事業であれば、活動支援や技術支援などを行うことが明記されることとなる。

飯田市で制定された「飯田市再生可能エネルギーの導入による持続可能な地域づくりに関する条例」は、再生可能エネルギーを「地域環境権」という定義で地域資源と位置づけている。いわゆる理念条例としての地域再生可能エネルギー基本条例に加えて、地域に根ざした「地域公共再生可能エネルギー活用事業」を支援する事が明示され、具体的な政策や予算付けについても言及した条例となっている。

福島の原発事故後に実施された計画停電が直接的な契機となって、小田原市は「小田原再生可能エネルギー事業化検討協議会」を設立し、市内事業者、商工会議所、市民、商工会議所、地域金融機関から参加者を得て、地域資源を活用する地域に根ざしたエネルギー事業会社として「ほうとくエネルギー株式会社」の設立へと進んでいった。再生可能エネルギー条例は市行政の基本方針を示すために制定され、さらに「小田原市エネルギー計画」を策定して、より具体的な政策を導き出す姿勢を打ち出した。

こうした「地域資源」を地域に根ざした事業体が地域のために活用するという理念は、条例だけでなく全国での市民出資を含む市民地域発電事業の普及、「全国ご当地エネルギー協会」の結成など、事業主体の側にも受け入れられている。

再生可能エネルギー基本条例の次の画期をつくったのは、かつてゴルフ場開発に反対して闘い、風光明媚な温泉地としての地位を獲得した歴史を持っている由布市である。由布市では域外資本によるメガソーラー立地の情報が入ってくる中で、「由布市自然環境等と再生可能エネルギー発電設備設置事業との調和に関する条例」を制定する。著者達が「事業抑制」と特徴付けたのは、学術上貴重な自然環境、地域を象徴する優れた景観、歴史的または郷土的な特色を有する地区を「抑制区域」に指定し、事業許可制を取り入れたことに由来する。

FITによる発電所建設が本格的に広がっていない段階で条例を制定した新城市では、条例本文で「地域に存在する再生可能エネルギーの活用に当たっては、地域ごとの自然条件に合わせた持続性のある活用法に努め、地域内での公平性及び他者への影響に十分配慮するものとします」として、立地に関する枠づけを緩やかに行っていた。

しかし実際にFITが施行された後には、そうした緩やかな規制ではコントロールができないほどのメガソーラー建設ブームが沸き起こったのである。元来、日本では土地利用に関しては所有者の私権が優先する法制度運用がなされてきた。「違法」でない土地開発行為をとどめることは自治体には困難が伴う。由布市に続く動きは、条例という手段を用いて「事業抑制」しない限り、無秩序な自然景観破壊が発生しかねない状況にあったことを示している。

関係自治体との意見交換から、立地地域で発生している事業者と住民との合意形成不足に起因するトラブル、事業者の景観・環境への配慮のなさ、事故の危険性があるような建築場所やずさんな設計建設といった事態は、地域に根付く意思のない投資者ということが遠因にあると筆者らは考えている。ずさんな設計・施工や立地地区選定によって、風水土砂災害で

表 2-1　再生可能エネルギー基本条例の分類表（2016年4月現在）

No	施行年月	都道府県名	条例名	事業促進	地域資源	事業抑制
1	2012年1月	鳥取県	日南町再生可能エネルギー利用促進条例	○		
2	2012年4月	大阪府	大阪市再生可能エネルギーの導入等による低炭素社会の構築に関する条例	○		
3	2012年4月	群馬県	榛東村自然エネルギーの推進等に関する条例	○		
4	2012年6月	神奈川県	鎌倉市省エネルギーの推進及び再生可能エネルギー導入の促進に関する条例	○		
5	2012年7月	佐賀県	唐津市再生可能エネルギーの導入等による低炭素社会づくりの推進に関する条例	○		
6	2012年9月	滋賀県	湖南市地域自然エネルギー基本条例		○	
7	2012年12月	愛知県	新城市省エネルギー及び再生可能エネルギー推進条例		○	
8	2013年3月	高知県	土佐清水市再生可能エネルギー基本条例		○	
9	2013年4月	北海道	東神楽町再生可能エネルギー推進条例	○		
10	2013年4月	長野県	飯田市再生可能エネルギーの導入による持続可能な地域づくりに関する条例		○	
11	2013年6月	兵庫県	洲本市地域再生可能エネルギー活用推進条例		○	
12	2013年6月	群馬県	中之条町再生可能エネルギー推進条例		○	
13	2013年7月	岐阜県	多治見市再生可能エネルギーの普及を促進する条例		○	
14	2014年1月	愛知県	設楽町省エネルギー及び再生可能エネルギー基本条例		○	
15	2014年1月	大分県	由布市自然環境等と再生可能エネルギー発電設備設置事業との調和に関する条例			○
16	2014年2月	長野県	飯島町地域自然エネルギー基本条例		○	
17	2014年3月	愛知県	豊田市再生可能エネルギーの導入の推進に関する条例	○		
18	2014年4月	北海道	芦別市再生可能エネルギー利用促進条例	○		
19	2014年4月	東京都	八丈町地域再生可能エネルギー基本条例		○	
20	2014年4月	神奈川県	小田原市再生可能エネルギーの利用等の促進に関する条例		○	
21	2014年10月	兵庫県	宝塚市再生可能エネルギーの利用の推進に関する基本条例		○	
22	2015年1月	岡山県	真庭市自然環境等と再生可能エネルギー発電事業との調和に関する条例			○
23	2015年4月	神奈川県	大磯町省エネルギー及び再生可能エネルギー利用の推進に関する条例		○	
24	2015年4月	群馬県	高崎市自然環境、景観等と再生可能エネルギー発電設備設置事業との調和に関する条例			○
25	2015年4月	岩手県	遠野市景観資源の保全と再生可能エネルギーの活用との調和に関する条例の制定			○
26	2015年12月	兵庫県	赤穂市自然環境等と再生可能エネルギー発電設備設置事業との調和に関する条例			○
27	2015年12月	群馬県	太田市環境、景観等と太陽光発電設備設置事業との調和に関する条例			○
28	2016年3月	北海道	当別町再生可能エネルギー活用推進条例		○	
29	2016年4月	静岡県	富士宮市富士山景観等と再生可能エネルギー発電設備設置事業との調和に関する条例			○

＊櫻井あかね作成。省エネルギー、委員会設置条例、個別施設に関する条例を省く

出典：白石克孝・櫻井あかね（2016:977）表1

太陽光発電施設が破損したケースが続いたため、「発電設備が不要になった場合、速やかに原状回復に努めなければならない」（赤穂市）など、再生可能エネルギー基本条例において撤去に言及する条文が導入されるようになる。新城市では条例とは別に「新城市太陽光発電設備の設置に関する指導要綱」を定めて災害や環境破壊を防ぐ策を講じる。

再生可能エネルギー基本条例は、地方自治体がそれぞれ地域の課題解決へのプロセスの結果として制定されたものであり、条例が制定されることで、当該地域における事業計画の把握、地元自治会との合意形成、庁内統制、発電事業者の地域貢献、住民による再エネ事業の支援が促進される成果が得られつつある。地方自治体が地域エネルギー政策の確立と展開するにあたり、再生可能エネルギー基本条例の制定はそのはじめの一歩ともいえる役割を果たすものといえよう。

2.6　地域貢献型再生可能エネルギー発電事業をめざして

FITによる太陽光発電施設建設の投機的なブームは、買取価格の見直しによって一段落したかのように見える。しかしながら実際には、エネルギーに関わる状況変化が地域社会を巻き込んでいく事態は、むしろこれから本格化していく。2016年度から電力の小売り全面自由化され、地域を限定した熱供給事業の自由化も始まった。引き続いて都市ガスの小売りの自由化が実施され、さらには発送電分離、ガス導管分離が控えている。

電力・ガス・熱を加えたエネルギー市場の自由化に向けた動きが加速的に進んでいく中で、多くの地方都市や中山間地の「生き残り」のためには、域内経済循環を高めていくこと、域外への資金の流失をできる限り押さえていく発想が必要である。電力の小売り全面化への対応で、契約を結ぶ電力会社の選択が自治体に委ねられた。再生可能エネルギー基本条例をすでに持っている自治体でも、初年度の対応は課題含みであった。湖南市は行政有の高電圧利用施設の電力購入を域外から参入してきた電力会社と契約を結んだ。小田原市ではほうとく電力が参加して湘南電力によるいわゆるご当地電力小売りを実現する状況を構築したにもかかわらず、小田原市は行政有の高電圧利用施設の電力購入を域外から参入してきた電力会社と契約を結んだ。

エネルギー市場の自由化は炭素税や環境規制などの制約がない中で進められており、安く提供することだけで競争が進む危険性がある。売電による「収益」は出資者に帰属して域外へと流出していき、「収奪型」の構造が新たに地域経済に構築されることを見過ごすことがないように、エネルギー政策領域においても地域の基本的理念と政策が必要であると筆者らは考える。

そのためには再生可能エネルギーの利活用施設の建設にとどまることなくエネルギー事業者として再生可能エネルギーの普及につとめる地域主体が必要である。「全国ご当地エネルギー協会」といったネットワーキングの今後の発展、環境 NGO が展開する「パワーシフトキャンペーン」で紹介されるような電力会社の増加[6]など、地域サイドからの対応にも見るべき展開がある。

公共政策学や行政学の分野では、「ガバメントからガバナンスへ」という議論がなされるようになって久しい。公共的なものを支えるのは政府セクター（ガバメント）なのではなく、公民連携、民と民との連携など、政府セクターと民間セクターとがともに関与するという「ガバナンス」によって支えられるという理念的な議論である。地域社会においては地域マネジメントにおいてもローカルガバナンスの必要性が提起されている。地域エネルギー政策をめぐる地域社会の模索と努力は、理念ではなく実体的な意味でのローカルガバナンスの実現可能性を予感させるものがある。

---

6 パワーシフトキャンペーンで紹介されている電力会社は、2018 年 9 月末現在で 26 社となっている。http://power-shift.org/ で紹介基準や会社の概要が把握できる。

参照文献

白石克孝（2013）「地域再生可能エネルギー基本条例制定による地域貢献型発電事業への展望」日本エネルギー学会編『日本エネルギー学会誌』92 巻 7 号、pp.627-632

白石克孝、櫻井あかね（2016）「地域エネルギー政策に関する考察―再生可能エネルギー基本条例を題材に」日本エネルギー学会編『日本エネルギー学会誌』95 巻 11 号、pp.974-979

３章
地域におけるメガソーラー事業の実情

3.1　FIT導入とメガソーラー

2012年7月から施行された固定価格買取制度（以下、FITと略す）を機に、国内の再生可能エネルギー設備は増え、なかでも太陽光発電設備の急増が著しい。FIT導入後に設置された再生可能エネルギー発電設備3365.9万kWのうち、太陽光発電は住宅454.5万kW、非住宅2746.5万kWをあわせて全体の95％を占める（資源エネルギー庁2016年12月時点導入状況[1]から算出）。FIT開始前の累積導入量が住宅で約470万kW、非住宅で約90万kWだったことと比べると、非住宅いわゆる売電を目的とした事業用太陽光発電の急増が窺える。

FITは世界各国で導入されてきた再生可能エネルギー推進政策のひとつであり、日本における導入前には、二つの側面からその成果が期待されていた。一つは、脱石炭・原子力エネルギーの面から再生可能エネルギー導入量が増えること、二つめは、農山村地域における新産業振興の面から、再生可能エネルギー事業がもたらす地域経済の活性化や雇用創出である。

再生可能エネルギー（大規模水力などを除く）は、従来の火力発電や原子力発電のような大規模・集中型システムとは異なり、小規模・分散という特性をもつ。そのため、地元企業や地方自治体、住民などが主体となり、その地域の自然環境を活かしながら再生可能エネルギー事業に取り組むことが可能な技術である。

加えて、電力やガスの小売りが全面自由化され、今後は発送電分離が予定されるなど、日本はいまエネルギー供給システムの大変革期を迎えてい

1　9ページ目に掲載「2016年12月末時点における再生可能エネルギー発電設備の導入状況」を参照。
http://www.meti.go.jp/committee/kenkyukai/energy_environment/saisei_dounyu/pdf/001_03_00.pdf（2018年3月5日閲覧）

る。つまり誰もがエネルギー事業に参入できる制度が整い、その収益を地域のために振り向けることも可能になってきた。その点において再生可能エネルギーの推進には、地球温暖化防止や電源シフトの議論だけではなく、地域が主体となってエネルギー事業を営むために地方分権の視点が欠かせないのである。

FIT が導入された 2012 年の下期から、全国各地で設備容量 1MW 以上の太陽光発電所（以下、メガソーラーと略す）の建設ラッシュが起き、日照条件がよく電力会社との接続が容易な土地で、次々と発電事業が開始された。建設ラッシュが起きた要因は、制度導入初年度の買取価格が最も高く設定され、次年度以降は毎年減額されることがあらかじめ報じられていたことにある。つまり、高い買取価格の権利を先に確保したほうがより利益を得られる仕組みであった。

このような状況下でいち早くメガソーラー事業に参入するには、FIT 開始後に数億円の資本投資が可能な者が優位となる。その結果、それまで馴染みのなかった域外の企業がメガソーラーを建設して発電事業をはじめるケースが全国各地で急速に広がった。このようなケースは、発電事業のみに特化した特定目的会社を現地法人として登記し、出資者である親会社は東京や都市部にあることが多い。そのためメガソーラーが設置された市町村には土地賃借料や固定資産税などが入るものの、売電収益の大半は地域内にとどまらず地域の外に流出してしまう「域外流出構造」が指摘されはじめた（堀尾正靱 2014）。

とくに太陽光発電の場合は、建設時には雇用を創出するが、その後の維持・管理にはさほど人手を必要としない。前述のとおり FIT 以降に増加した再生可能エネルギー設備は太陽光発電に集中しており、従って恒常的な雇用効果の増大には結びつかなかった。また、短期間のうちにメガソーラーが急増したことで、景観保護や環境保全、土砂災害などの面から近隣住民とのトラブルが発生し、あらたな行政課題を生み出している。

3.2　再生可能エネルギー事業の先行調査

再生可能エネルギー事業の収益は、自ずとその設備所有者に帰属する。再生可能エネルギーの経済効果をはかる価値創造額に関する試算によれば、事業の経済的利益の半分以上が投資した人のものになることが指摘され、事業段階を①発電設備の製造、②事業計画と設置、③操業と維持管理に区分し、設備立地地域にもたらされる価値創造額を算出している。具体的には、太陽光パネル製造工場が地域内にあるか、地域内の事業者が計画・設置したか、地域の人が維持管理しているかをポイントとして試算した結果、地域にもたらされる額は、例えば 2MW のメガソーラー事業を 20 年間運転した場合、地元出資の会社が事業企画から設備管理までを担う場合は８割、逆に域外企業による投資で設備管理だけを地元に委託した場合は２割弱にすぎないという結果が得られた（山下英俊 2013）。この価値創造額は、小水力や風力などエネルギー技術により異なるが、地域団体や市民が出資および管理運営に参加するほどその額は大きくなる（ラウパッハ＝スミヤ ヨーク・中山琢夫・諸富徹 2015）。

一つの事例として、国内でメガソーラーを運転するほうとくエネルギー株式会社を例に、どのような費目が域内・域外に支払われるのかを見てみよう。当該企業は複数の地元企業による出資で設立され、地域内の土地に地元の建設会社がメガソーラーを建設して自社で維持管理する。資金は市民ファンドと地域金融機関の融資でまかなわれた。収入は 20 年間の売電収入が域内に入る。支出をみると、域外への支出は、太陽光パネルやパワコン、その他機器の購入、電力会社との系統連系、保安管理業務などにかかる費用である。一方、域内への支出は、土地造成、建設・電設工事、地代、融資利息、メンテナンス業務、固定資産税、事業税などである[2]。このことから、製造段階では太陽光パネルなどの購入により域外への流出がどうしても多くなるが、設置段階と維持管理段階では域内に資金がとどまることが見てとれる。

つまり、再生可能エネルギー設備の所有が地域内にある場合は、発電事業の収益は地域に還元される。再生可能エネルギー設備の所有状況が地域の経済効果に対して決定的な重要要因となることがこれら先行研究からも明らかである。

再生可能エネルギー設備の所有状況に関する先行調査として、以下にデンマークの風力発電、ドイツの再生可能エネルギー発電設備、日本の太陽光発電設備について取り上げる。まずデンマークの場合は、風力発電の所有は、農家を中心とした個人や風力発電機協同組合（ギルド）が大半であり、1999 年末時点で 83％を占める（和田 武 2002)。市民に近い技術として風力発電が成長した背景には国の政策支援があり、その中で「再生可能エネルギー促進法」は、新設の陸上および洋上風力発電所に対して、設備容量の 20％以上を住民所有にすることを義務づけている。具体的には、発電所建設地点から 4.5km 以内に居住する 18 歳以上の市民から出資を募ることで、住民による風力発電所の所有権を法律で保障する。近年増えつつある洋上風力においては、巨額投資になるため企業の出資が増えているものの住民出資は適用されている。

つぎにドイツの場合は、500kW 以上の再生可能エネルギー全種類の発電設備を対象にした調査で、個人と農家をあわせた設備容量の所有率は 51％にのぼる（前掲、山下英俊 2013)。近年ドイツ国内で増加傾向にあるエネルギー組合は、組合員の 9 割が市民で、3 ～ 20 名という小規模組合が 6 割を占める（DGRV 2012)。FIT 導入により再生可能エネルギー事業の採算が保証され、加えて組合法の改正により少人数の設立が容易になったこ

---

2 ほうとくエネルギー株式会社　志澤昌彦氏の講演会資料には、域内経済循環の視点から自社メガソーラーに関するコストの流れが説明されている。
https://www.iges.or.jp/isap/2015/pdf/Pl-3/PL3_3_Shizawa.pdf（2018 年 9 月 23 日閲覧）

とが追い風となり出資者数も増えている。

ドイツとの比較を意識した日本の 500kW 以上の太陽光発電所の所有調査では、企業が大部分を占めており、地方自治体や協同組合による発電事業は数少ない（山下英俊 2014）ことが指摘された。

以上の先行調査から、デンマークやドイツでは、再生可能エネルギー事業が農家の収入としてまたは市民事業として展開されるが、日本ではそのような状況に至っていないことが読み取れる。

では、事業者はどの程度が域内もしくは域外であるのか。この実態を把握することで、再生可能エネルギー事業の収益移動を計ることができるが、これに着目した研究は少ない。市町村レベルで 500kW 以上の太陽光発電所を対象にした調査では、市町村域外の事業者が約 70％を占めることが報告された（加勢田光博 2017）。また、筆者櫻井あかねによる 1,000kW 以上の風力発電所調査では、発電事業者の業種に地域性（県内・県外）を加えた主たる事業者は企業であり、83.2％（出力比）が県外事業者であるという結果が得られた（櫻井あかね 2015）。

したがって本章では、再生可能エネルギー事業による収益の帰属先に着目し、FIT 以降に急増したメガソーラーを対象に発電事業者の組織形態・業種・地域性（県内・県外）を明らかにする。

3.3　メガソーラーの所有者実態調査

3.3.1　調査方法

本章では、日本国内に設置された設備容量 1MW（1,000kW）以上のメガソーラーを対象にした、新規稼働数、設置県の数、設備規模、発電事業者の組織形態・業種・地域性（県内・県外）の調査結果をまとめた。

調査期間：2017年2～4月

調査対象：2005年1月～2016年12月末までに稼働した国内のメガソーラー 1,475ヶ所

調査項目：稼働年、設置県、出力、発電事業者名、発電事業者の本社所在地および業種

データ抽出元：FIT前に設置された設備については、経済産業省資源エネルギー庁・第1回調達価格等算定委員会配布資料「我が国における再生可能エネルギーの現状」[3]より。FIT後に設置された設備については、太陽光発電専門メディア「PVeye WEB」メガソーラーマップ（http://www.pveye.jp/）[4]より。

調査方法：発電事業者の本社所在地と業種は、各社ホームページで確認した。本社所在地は、設備立地県に対して発電事業者の本社が同一県にある場合は「県内」、他県にある場合は「県外」に分類した。発電事業者が特定目的会社または100%出資子会社の場合は、親会社を本社とみなした。複数企業による出資の場合は、株保有率の一番大きい会社を本社とみなした。業種は本社を対象に分類した。

以上の調査方法にもとづき、新規稼働数の推移、県別の発電所数および出力、設備規模別の発電所数、発電事業者の特性を分析した。以下に調査結果を述べる。

---

3 http://www.meti.go.jp/committee/chotatsu_kakaku/001_07_01.pdf（2018年3月5日）

4 風力発電の場合は、独立行政法人新エネルギー・産業技術総合開発機構（NEDO）が風力発電設備設置実績一覧表を公開しているが、メガソーラーの場合は、政府機関による稼働済み設備一覧が存在しない。そのため、民間によるメガソーラーマップの中で稼働済み設備の網羅性が一番高いと判断した「PVeye WEB」メガソーラーマップを採用した。
http://www.pveye.jp/mega_solar_maps/ （2017年4月30日閲覧）

3.3.2　新規稼働数

調査対象は、2016 年 12 月末までに稼働したメガソーラー 1,475 ヶ所、総出力 5,386MW である。これは、資源エネルギー庁「都道府県別導入量（2016 年 11 月末時点）」[5]が公開する総出力から算出して、51.2％（出力比）の網羅性を有する。

発電所の新規稼働数は、2005 年（1 ヶ所）、2006 年（1 ヶ所）、2007 年（3 ヶ所）、2008 年（3 ヶ所）、2009 年（0 ヶ所）、2010 年（11 ヶ所）、2011 年（19 ヶ所）、2012 年（78 ヶ所）、2013 年（631 ヶ所）、2014 年（432 ヶ所）、2015 年（224 ヶ所）、2016 年（54 ヶ所）と推移する。なお、建設時期が不明な設備は 18 ヶ所あった。FIT がスタートした 2012 年と翌 2013 年に急増し、2014 年以降は減少するが、これは PVeye WEB の掲載件数が減少したためであり、実際の新規稼働数はこれを上回ると考えられる。

表 3-1　県別の発電所数順位

順位	県名	発電所数	容量（MW）	平均規模（MW）
1	北海道	102	559	5.5
2	福岡県	82	270	3.3
3	兵庫県	77	297	3.9
4	茨城県	74	242	3.3
5	鹿児島県	69	265	3.8
6	熊本県	66	217	3.3
7	栃木県	59	249	4.2
8	福島県	48	153	3.2
9	三重県	47	222	4.7
10	千葉県	46	211	4.6
11	山口県	40	114	2.8
12	群馬県	38	81	2.1
13	岡山県	37	149	4.0
	広島県	37	73	2.0
	長崎県	37	120	3.2
14	静岡県	35	98	2.8
15	岩手県	34	126	3.7
16	大分県	33	280	8.5
17	宮城県	32	113	3.5
18	滋賀県	30	53	1.8
19	宮崎県	29	51	1.8
20	青森県	26	203	7.8
	山梨県	26	49	1.9
	高知県	26	48	1.9
21	愛知県	25	198	7.9
22	香川県	24	54	2.3
23	埼玉県	23	37	1.6
	長野県	23	45	2.0
	大阪府	23	113	4.9
24	徳島県	20	54	2.7
25	佐賀県	19	39	2.0
26	新潟県	18	62	3.5
27	愛媛県	17	88	5.2
28	秋田県	16	30	1.9
29	神奈川県	15	67	4.5
30	山形県	14	20	1.4
	富山県	14	31	2.2
31	岐阜県	13	21	1.6
32	京都府	12	39	3.3
	和歌山県	12	81	6.8
	島根県	12	19	1.6
33	沖縄県	11	43	3.9
34	鳥取県	10	59	5.9
35	奈良県	8	16	2.0
36	石川県	6	10	1.7
	福井県	6	11	1.8
37	東京都	4	5	1.4

出典：櫻井あかね（2018：382）表 1 より

5「A 表　都道府県別認定量・導入量」過去公表分は下記サイトからダウンロードできる。http://www.enecho.meti.go.jp/category/saving_and_new/saiene/statistics/past.html（2018 年 3 月 30 日閲覧）

3.3.3　設置県の分布

設備設置場所を県別に分析した結果は表 3-1 のとおりである。全国 47 都道府県すべてに設置され、とくに北海道や九州地方に多い。

発電所数の上位 10 県は、北海道（102 ヶ所）、福岡県（82 ヶ所）、兵庫県（77 ヶ所）、茨城県（74 ヶ所）、鹿児島県（69 ヶ所）、熊本県（66 ヶ所）、栃木県（59 ヶ所）、福島県（48 ヶ所）、三重県（47 ヶ所）、千葉県（46 ヶ所）であった。

出力の上位 10 県は、北海道（559MW）、兵庫県（297MW）、大分県（280MW）、福岡県（270MW）、鹿児島県（265MW）、栃木県（249MW）、茨城県（242MW）、三重県（222MW）、熊本県（217MW）、千葉県（211MW）となる。各県ごとの平均規模は、最小値 1.4 MW（東京都）から最大値 8.5 MW（大分県）まで差が見られる。これには日照時間や土地利用状況が影響し、平均規模が比較的高い県には、大規模メガソーラーが設置されていることが多かった。

3.3.4　発電事業者の地域性（県内・県外）

発電事業者の地域性については、発電事業者の本社所在地をもとに設備立地県と同一県内もしくは県外で分類した。その結果、発電所数と出力ではそれぞれ割合が異なる。

発電所数では、県内事業者 511 ヶ所（34.6％）、県外事業者 964 ヶ所

表 3-2　発電事業者の地域性

	県内事業者	県外事業者	全体
発電所数	511	964	1,475
割合	34.6%	65.4%	100.0%
出力（MW）	1,191	4,195	5,386
割合	22.1%	77.9%	100.0%
平均規模（MW）	2.3	4.4	3.7

出典：櫻井あかね（2018：382）表 2 より

（65.4％）であった。出力では、県内事業者 1,191 MW（22.1％）、県外事業者 4,195 MW（77.9％）であった（表 3-2）。

平均規模は、県内事業者 2.3 MW に対して県外事業者 4.4 MW とおよそ倍の設備規模になる。これは、県外事業者のほうが規模の大きいメガソーラーを建設するためである。

具体的に、県外とはどの都道府県を示すのか。県外事業者の本社所在地は、東京都が一番多く 627 ヶ所：3,227MW であった。これは発電所総数の 42.5％、総出力 59.9％を占める。東京都以外の県では、大阪府、広島県、福岡県、愛知県、京都府、兵庫県などであった。

3.3.5　設備規模

設備規模については、最小値 1MW、最大値 148MW、中央値 1.9 MW、平均値 3.7 MW であった。

設備規模別に発電所全体の傾向をみると、1 ～ 2MW 未満は 871 ヶ所（59.1％）、2 ～ 4MW 未満は 400 ヶ所（27.1％）であり、この 2 つを合計した 1 ～ 4MW 未満規模で全体の 86.2％を占めた。

さらに、設備規模別に発電事業者の地域性に着目し、規模別に発電所数と県内事業者の割合を示すと、以下の特徴が得られた（表 3-3）。発電所数全体における県内事業者の割合は 34.6％で、これを超える設備規模は 41.6％を示した 1 ～ 2MW 未満のみであった。40MW 以上になると県外事業者だけに

表 3-3　設備規模別の発電所数と県内事業者割合

設備規模（MW）"	発電所数	県内事業者
1 ～ 2 未満	871	41.6%
2 ～ 4 未満	400	27.0%
4 ～ 6 未満	56	33.9%
6 ～ 8 未満	20	15.0%
8 ～ 10 未満	21	4.8%
10 ～ 20 未満	59	22.0%
20 ～ 30 未満	25	8.0%
30 ～ 40 未満	9	33.3%
40 ～ 50 未満	7	0.0%
50 ～ 60 未満	2	0.0%
60 ～ 70 未満	0	0.0%
70 ～ 80 未満	1	0.0%
80 ～ 90 未満	2	0.0%
90 ～ 100 未満	0	0.0%
100 ～以上	2	0.0%
全体	1,475	34.6%

出典：櫻井あかね（2018：382）表 3 より

限られる。

3.3.6　発電事業者の組織形態・業種・地域性

FIT を機にどのような事業者がメガソーラー事業に参入したのかを明らかにするため、発電事業者の組織形態・業種・地域性を分析した。

まず組織形態については「企業」、「地方自治体」、「協同組合」、「その他」に分類した。企業には株式会社や有限会社など、地方自治体には県企業局、府県、市町村、協同組合には生活協同組合、有限責任事業組合、事業協同組合、農事組合法人、その他には大学法人、財団法人、社会福祉法人が含まれる。

発電所数では、企業 1,387 ヶ所（94.0 %）、地方自治体 60 ヶ所（4.1%）、協同組合 20 ヶ所（1.4%）、その他 8 ヶ所（0.5%）となる。

出力では、企業 5,187MW（96.5%）、地方自治体 124MW（2.3%）、協同組合 40MW（0.7%）、その他 25MW（0.5%）であった。いずれも企業が大部分を占めており、地方自治体や協同組合などは少ない。

表 3-4　組織形態別のメガソーラー新規稼働数

稼働年	企業	地方自治体	協同組合	その他	計	FIT 前後
2005 年	0	1	0	0	1	38
2006 年	1	0	0	0	1	
2007 年	1	2	0	0	3	
2008 年	2	1	0	0	3	
2009 年	0	0	0	0	0	
2010 年	9	2	0	0	11	
2011 年	17	2	0	0	19	
2012 年	69	4	3	2	78	1,419
2013 年	598	22	8	3	631	
2014 年	408	17	5	2	432	
2015 年	211	9	3	1	224	
2016 年	53	0	1	0	54	
不明	18	0	0	0	18	18
	1,387	60	20	8	1,475	1,475

出典：櫻井あかね（2018：383）表 3 より

表3-4に示した組織形態別の新規稼働数をみると、FIT導入前と後の特徴が現われる。FIT前の2005年から2011年までの7年間に稼働した発電所数は38ヶ所、これに対してFIT後2012年から2016年まで5年間に稼働した数は1,419ヶ所にのぼる。本調査ではFIT前は企業および地方自治体に限られ、2005年に初めてメガソーラー事業に着手したのは地方自治体（東京都）であった。2010年以降に稼働数が伸び始め、FIT後は企業による新規稼働数が急増するが、地方自治体や協同組合、その他の組織による数も増加した。

つぎに企業の業種については、業種一覧表の大分類に従って、農業、鉱業、建設、製造、運輸・通信、卸売・小売、金融・リース、不動産、サービス、電気・ガスに分類した。さらにFIT以降の動向を分析する目的で、電気・ガスについては、電力会社、販売小売会社、再エネ会社に分類した。各業種の具体的な事業は以下のとおりである。

農業：養鶏、肉用牛飼育

鉱業：石灰石採掘、石油精製

建設：電設工事、土木、住宅建築

製造：化学工業、電子部品、機械、印刷、太陽電池、砕石

運輸・通信：通信サービス、IT、運送

卸売・小売：商社、中古自動車販売、ガソリンスタンド

金融・リース：証券、総合リース、物件賃貸

不動産：土地販売、物件販売、賃貸・管理

サービス：ホテル、レジャー、放送、情報、高速道路

電気・ガス

電力会社：10電力会社とそのグループ会社

小売販売会社：電気、都市ガス、プロパンガス

再エネ会社：太陽光発電、バイオマス、外資系太陽光発電会社の日本法人

発電事業者の組織形態・業種・地域性の分析は表 3-5 のとおりである。この結果から、業種ごとに特徴があることがわかった。県内事業者の割合が全体割合より多い場合は地域性が高いと捉えると、発電所数よりも出力のほうが地域性の強弱が顕著に表れて経済効果を推測できるといえる。以下に出力の割合を示しながら述べる。

前述の表 3-2 で示したとおり、総出力に占める県内事業者の割合は 22.1％なので、これより高い割合を示す組織形態および業種では、県内事業者の比率が高いといえる。すなわち、地方自治体（97.2％）、協同組合（68.5％）、その他（65.0％）が該当する。また企業の業種においては農業（85.0 ％）、建設（36.7％）、サービス（45.0％）、電気・ガスの電力会社（34.4％）と小売販売会社（72.1％）となる。

農業者による発電所は 7 件、森林組合連合会の出資による企業がメガソーラーの架台に地元木材を活用した事例は 1 件あったが、林業者や漁業

表 3-5　発電事業者の組織形態・業種・県内事業者割合

組織形態および業種			発電所数		出力（MW）		平均規模（MW）
				県内事業者		県内事業者	
①企業			1,387	31.2%	5,197	19.7%	3.7
企業業種	農業		7	57.1%	24	85.0%	3.5
	鉱業		41	7.3%	121	4.9%	3.0
	建設		317	44.2%	833	36.7%	2.6
	製造		206	30.6%	671	20.3%	3.3
	運輸・通信		160	14.4%	618	8.6%	3.9
	卸売・小売		169	38.5%	841	18.0%	5.0
	金融・リース		96	4.2%	538	1.7%	5.6
	不動産		91	27.5%	263	14.9%	2.9
	サービス		63	47.6%	117	45.0%	1.9
	電気・ガス		237	32.4%	1,169	21.5%	4.9
	内訳	電力会社	67	40.3%	243	34.4%	3.6
		小売販売会社	36	58.3%	120	72.1%	3.3
		再エネ会社	134	21.6%	806	10.2%	6.0
②地方自治体			60	95.0%	124	97.2%	2.1
③協同組合			20	75.0%	40	68.5%	2.0
④その他			8	62.5%	25	65.0%	3.1
全体			1,475	34.6%	5,386	22.1%	3.7

出典：櫻井あかね（2018：384）表 5 より

者によるものはなかった。これらのことから、第一次産業の担い手による再生可能エネルギー事業がまだ浸透していないことが窺える。

建設業で県内事業者が多い理由は、建設工事や電設工事を請け負う会社はメガソーラー事業参入の技術的障壁が低く、かつ自社管理の土地を所有しているためと推測される。

電気・ガス業の小売販売会社は、都市ガスやプロパンガス販売会社である。これまでは、電気・ガスはそれぞれ別の会社が販売してきたが、自由化以降はエネルギー事業として統合され、ガス小売販売会社がメガソーラー事業に参入する動きがみられた。

逆に、県内事業者の割合が全体の割合よりも低い業種は、鉱業（4.9％）、製造（20.3％）、運輸・通信（8.6％）、卸売・小売（18.0％）、金融・リース（1.7％）、不動産（14.9％）、電気・ガスの再エネ会社（10.2％）となる。

平均規模をみると、全体平均3.7MWより大きいのは、運輸・通信（3.9MW）、卸売・小売（5.0MW）、金融・リース（5.6MW）、電気・ガスの再エネ会社（6.0MW）であり、これらはすべて県内事業者の比率が低い業種と重なる。大規模なメガソーラーを建設する場合は、初期投資が通常の規模より巨額になる。そのため単独企業による実施が難しくなり、複数から出資を集めることになる。複数企業による合同出資で特定目的会社を設立する、再生可能エネルギービジネスへの投資として投資家から出資を募る、外資系のソーラー企業が日本法人を設立するなど、このようなケースは東京に本社を置く場合にみられた。これらのことから、東京を中心とした資金調達の動きが推察される。

3.4　地域主体の再生可能エネルギー事業促進のために

本章では、日本におけるメガソーラーの所有実態調査をとおして、新規稼働数の推移、設備設置県の分布、設備規模別発電事業者の地域性、発電事業者の組織形態・業種・地域性を明らかにした。

県によって設置数に差はあるが47都道府県全てにメガソーラーは点在し、とくに北海道や九州地方にその数は多い。

新規稼働数はFITが導入された2012年から急増し、FITによりメガソーラー事業への参入が一気に加速したことが示された。設備規模では1～2MW未満が全体の約6割を占め、県内事業者の比率が高い設備規模になる。これ以上規模が大きくなると県外事業者が多くなり、とくに40 MW以上の規模では県外事業者のみであった。

発電事業者の組織形態では、企業96.5%、地方自治体2.3%、協同組合0.7%、その他0.5%（出力比）であった。

発電事業者の地域性では、県内事業者22.1%、県外事業者77.9%（出力比）であり、県外事業者のうち約6割が東京に本社を置く。

これらのことから、日本におけるメガソーラー事業は、企業、なかでも県外企業の影響を受けており、発電事業者の組織形態・業種と地域性の関連に特徴があり、収益の地域還元を考察するうえで重要である。県外企業による事業の場合は、土地賃借料、固定資産税、事業税などは設備立地地域に落ちるが、売電収益の多くは域外に流出する。

マクロ視点で捉えれば、FITが日本全体の再生可能エネルギー導入量を引き上げたことは事実である。しかし、地域再生というミクロ視点で捉えれば、より多くの県内企業や地方自治体、協同組合などが事業主体となれるよう支援策を講じる必要があるだろう。

このような地域再生を促進するには、FIT導入と同時に地域主体の再生可能エネルギー事業を促進するための政策が必要である。先進的な地方自治体では地域再生可能エネルギー基本条例を制定することで、地域主体の再生可能エネルギー事業を支援している。

地域再生可能エネルギー基本条例では、再生可能エネルギーは地域資源であると明確に規定する。そのうえで、それら資源を活用した恩恵は、まず地域が享受するべきであると謳う。地方自治体は、住民や地元企業がおこなう再生可能エネルギー事業を積極的に支援し、時には協働して進める。2016年4月末時点で、29市町村で制定され（白石克孝・櫻井あかね 2016）、今回の調査では条例を背景にして建設されたメガソーラーの事例がいくつか見られた。

また、ビジネスモデルの分析が必要である。組織形態をみると、市民出資によるケース、地方自治体が出資するケースとも企業を選択していた。そのため、企業による事業の中には売電収益を地域に還元することを意識した事例がいくつか見られた。このような事例ではそれぞれに工夫が凝らされており、どのようなビジネスモデルが収益の地域還元を高めるのか、その実証研究が必要であろう。

2012年にFIT、2016年には電力の小売全面自由化、2017年にはガスの小売全面自由化、さらに2020年には発送電分離が予定されている。市場が開かれることは新規参入のビジネスチャンスであり、同時に誰もが再生可能エネルギー事業の主体になり得ることもできる。再生可能エネルギー事業による地域への経済効果を高めるには、住民や地元企業、地方自治体などが事業者となる地域主体の再生可能エネルギー事業を促進する支援策の整備が急務である。

参照文献

DGRV（2012）“Energy cooperatives :Results of a survey carried out in spring 2012” http://www.collective-action.info/sites/default/files/webmaster/_POC_LIT_DGRV_Energy-Cooperatives-Survey-2012.pdf（2018 年 4 月 15 日閲覧）

加勢田光博（2017）「固定価格買取制度を利用する発電主体の現状―市町村レベルでの太陽光発電（500kW 以上）の経済的利益の移転を中心として―」『日本都市学会年報』Vol.50、pp.193-202

櫻井あかね（2015）「再生可能エネルギーの固定価格買取制度導入後の日本における地域エネルギー利用の課題―大規模風力発電所とメガソーラーの「所有性」に着目して」『龍谷政策学論集』第 4 巻第 2 号、pp.171-184

櫻井あかね（2018）「固定価格買取制度導入後のメガソーラー事業者の地域性」日本エネルギー学会編『日本エネルギー学会誌』97 巻 12 号、pp.379-385

白石克孝・櫻井あかね（2016）「地域エネルギー政策に関する考察―再生可能エネルギー基本条例を題材に」『日本エネルギー学会誌』第 95 巻第 11 号、pp.974-979

堀尾正靱（2014）「地域自然エネルギー政策の現状と課題」白石克孝、石田 徹編『持続可能な地域実現と大学の役割』日本評論社、pp.186-208

山下英俊（2013）「日本でも地域からのエネルギー転換を」『ドイツに学ぶ地域からのエネルギー転換』家の光協会、pp.169-191

山下英俊（2014）「日本におけるメガソーラー事業の現状と課題」『一橋経済学』第 7 巻第 2 号、pp.1-20

ラウパッハ＝スミヤ ヨーク・中山琢夫・諸富徹（2015)「再生可能エネルギーが日本の地域にもたらす経済効果：電源毎の産業連鎖分析を用いた試算モデル」諸富 徹編『再生可能エネルギーと地域再生』日本評論社、pp.125-146

和田 武（2002）「自然エネルギー生産手段の住民所有――デンマークとドイツの風力発電を中心に」唯物論研究協会編『所有をめぐる <私> と <公共>』青木書店、pp.27-52

おわりに

これまでに筆者らは、研究と実践とを架橋する取り組みを実施してきた。再生可能エネルギー基本条例の制定の支援にはじまり、域学連携事業を通じて地域に根差した再生可能エネルギー事業の地域実装を進めてきた。本書の成り立ちは、研究だけでなく、実践の記録という側面を持つものである。

科学技術振興機構（JST）社会技術研究開発センター（RISTEX）の「地域に根ざした脱温暖化・環境共生社会」研究開発領域の採択事業「地域再生型環境エネルギーシステム実装のための広域公共人材育成・活用システムの形成（2010年10月～2013年9月）」に白石は代表として、櫻井はリサーチスタッフとして、先進的な地方自治体が再生可能エネルギー基本条例を制定して、地域エネルギー政策確立への牽引役となるような取り組みを応援した。地域貢献型再生可能エネルギー事業という構想もここで生まれた。

上記JSTの旧研究開発領域の採択事業が連携して、得られた知見を地域実装化するために、「創発的地域づくりによる脱温暖化」を同じくJSTのRISTEXの採択事業（2014年4月～2017年3月）として引き続き実施した。同時期に並行して、龍谷大学地域公共人材・政策開発リサーチセンターは私立大学戦略的研究基盤形成支援事業採択事業「限界都市化に抗する持続可能な地方都市の『かたち』と地域政策実装化に関する研究」（2014年度～2018年度）に採択された。白石はそのセンター長として、櫻井はリサーチャーとして、地域貢献型再生可能エネルギー事業の地域実装を進めることになった。ここで実現したのが、本書で紹介した洲本市でのため池フロートソーラー発電事業であった。

本書は既発表の論文を元に作成されている。執筆にあたっては、既発表論文から一部を削除し、その表現を整え、写真を増やし、小見出しを変えるなどの改変はしたが、基本的な叙述や図表には手を加えていない。元になった論文の一覧は次のようなものである。

１章は、

白石克孝・櫻井あかね・中村保ノ佳（2019）「龍谷大学政策学部による域学連携の取り組み（下）―兵庫県洲本市を事例に―」龍谷大学政策学会編『龍谷政策学論集』第８巻第1･2合併号

２章は、

白石克孝（2013）「地域再生可能エネルギー基本条例制定による地域貢献型発電事業への展望」日本エネルギー学会編『日本エネルギー学会誌』92巻７号、pp.627-632

白石克孝、櫻井あかね（2016）「地域エネルギー政策に関する考察――再生可能エネルギー基本条例を題材に」日本エネルギー学会編『日本エネルギー学会誌』95巻11号、pp.974-979

３章は、

櫻井あかね（2018）「固定価格買取制度導入後のメガソーラー事業者の地域性」日本エネルギー学会編『日本エネルギー学会誌』97巻12号、pp.379-385

加筆転載をお認めいただいた龍谷大学政策学会、日本エネルギー学会に対して、お礼を申し上げます。

本書の出版にあたっては、公人の友社の武内英晴氏には大変にお世話になりました。ここに記して謝意を表します。

白石克孝

本書は、文部科学省私立大学戦略的研究基盤形成支援事業採択事業「限界都市化に抗する持続可能な地方都市の『かたち』と地域政策実装化に関する研究」からの補助を受けて出版されました。

【執筆者紹介】

白石 克孝（しらいし・かつたか） 1章（共著）、2章（共著）

名古屋大学法学研究科博士後期課程単位取得退学。

龍谷大学法学部教授を経て、2011年より龍谷大学政策学部教授。

2014年度～2018年度まで、龍谷大学 地域公共人材・政策開発リサーチセンターの第4期センター長として、再生可能エネルギー基本条例の研究、地域貢献型再生可能エネルギー事業の地域実装に従事。本書で紹介した洲本市の域学連携事業には、スタートした2013年度から参画。現在、非営利発電事業会社のPS洲本株式会社代表取締役をつとめる。

共編著に『持続可能な地域実現と大学の役割』（2014）日本評論社、共著に『トリノの奇跡—「縮小都市」の産業構造転換と再生』（2017）藤原書店など。

櫻井 あかね（さくらい・あかね） 1章（共著）、2章（共著）、3章（単著）

龍谷大学大学院政策学研究科博士課程修了。政策学博士。

2019年より龍谷大学政策学部実践型教育プランナー。

2010年度～2016年度まで、龍谷大学 地域公共人材・政策開発リサーチセンター（LORC）リサーチ・アシスタントとして、2017年度以降は、同センター嘱託研究員として、再生可能エネルギー基本条例、地域貢献型再生可能エネルギー事業について研究。本書で紹介した洲本市の域学連携事業には、スタートした2013年度から参画。

共著に『持続可能な地域実現と大学の役割』（2014）日本評論社、『連携アプローチによるローカルガバナンス』（2017）日本評論社など。

「地域ガバナンスシステム・シリーズ」発行にあたって

日本は明治維新以来百余年にわたり、西欧文明の導入による近代化を目指して国家形成を進めてきました。しかし今日、近代化の協力な推進装置であった中央集権体制と官僚機構はその歴史的使命を終え、日本は新たな歴史の段階に入りつつあります。

時あたかも、国と地方自治体との間の補完性を明確にし、地域社会の自己決定と自律を基礎とする地方分権一括法が世紀の変わり目の二〇〇〇年に施行されて、中央集権と官主導に代わって分権と官民協働が日本社会の基本構造になるべきことが明示されました。日本は今、新たな国家像に基づく社会の根本的な構造改革を進める時代に入ったのです。

しかしながら、百余年にわたって強力なシステムとして存在してきたガバメント（政府）に依存した社会運営を、主権者である市民と政府と企業との協働を基礎とするガバナンス（協治）による社会運営に転換させることは容易に達成できることではありません。特に国の一元的支配と行政主導の地域づくりによって二重に官依存を深めてきた地域社会においては、各部門の閉鎖性を解きほぐし協働型の地域社会システムを主体的に創造し支える地域公共人材の育成や地域社会に根ざした政策形成のための、新たなシステムの構築が決定的に遅れていることに私たちは深い危惧を抱いています。

本ブックレット・シリーズは、ガバナンス（協治）を基本とする参加・分権型地域社会の創出に寄与し得る制度を理念ならびに実践の両面から探求し確立するために、地域社会に関心を持つ幅広い読者に向けて、様々な関連情報を発信する場を提供することを目的として刊行するものです。

二〇〇五年三月

龍谷大学　地域人材・公共政策開発システム
オープン・リサーチ・センターセンター長　富野　暉一郎

地域ガバナンスシステム・シリーズ　No.19

ため池ソーラー発電と再エネ条例

地域貢献型発電事業へのチャレンジ

2019年5月22日　初版発行　　定価（本体900円＋税）

企　画　龍谷大学地域公共人材・政策開発リサーチセンター
著　者　白石　克孝・櫻井あかね
発行人　武内英晴
発行所　公人の友社
〒112-0002　東京都文京区小石川5-26-8
TEL 03-3811-5701　FAX 03-3811-5795
e-mail: info@koujinnotomo.com
http://koujinnotomo.com/
印刷所　倉敷印刷株式会社

ISBN978-4-87555-827-9

No.10
市場化テストをいかに導入するべきか
竹下譲 1,000円

No.11
市場と向き合う自治体
小西砂千夫・稲澤克祐 1,000円

［北海道自治研ブックレット］

No.1
市民・自治体・政治
再論・人間型としての市民
松下圭一 1,200円

No.3
福島町の議会改革
議会基本条例＝開かれた議会づくりの集大成
溝部幸基・石堂一志・中尾修・神原勝 1,200円

No.4
議会改革はどこまですすんだか
改革8年の検証と展望
神原勝・中尾修・江藤俊昭・廣瀬克哉 1,200円

No.5
ここまで到達した芽室町議会改革
芽室町議会改革の全貌と特色
橋場利勝・中尾修・神原勝 1,200円

No.6
国会の立法権と地方自治
憲法・地方自治法・自治基本条例
西尾勝 1,200円

［生存科学シリーズ］

No.2
再生可能エネルギーで地域がかがやく
秋澤淳・長坂研・小林久 1,100円

No.4
地域の生存と社会的企業
柏雅之・白石克孝・重藤さわ子 1,200円

No.5
地域の生存と農業知財
澁澤栄・福井隆・正林真之 1,000円

No.6
風の人・土の人
千賀裕太郎・白石克孝・柏雅之・福井隆・飯島博・曽根原久司・関原剛 1,400円

No.7
地域からエネルギーを引き出せ！
PEGASUS ハンドブック
監修：堀尾正靭・白石克孝
著：重藤さわ子・定松功・土山希美枝 1,400円

No.8
地域分散エネルギーと「地域主体」の形成
風・水・光エネルギー時代の主役を作る
編：小林久・堀尾正靭、著：独立行政法人科学技術振興機構 社会技術研究開発センター「地域に根ざした脱温暖化・環境共生社会」研究開発領域 地域分散電源等導入タスクフォース 1,400円

No.9
省エネルギーを話し合う実践プラン46
エネルギーを使う・創る・選ぶ
編著：中村洋・安達昇
編者著：独立行政法人科学技術振興機構 社会技術研究開発センター「地域に根ざした脱温暖化・環境共生社会」研究開発領域 1,500円

No.10
お買い物で社会を変えよう！
レクチャー&手引き
編著：永田潤子、監修：独立行政法人科学技術振興機構 社会技術研究開発センター「地域に根ざした脱温暖化・環境共生社会」研究開発領域 1,400円

［私たちの世界遺産］

No.1
持続可能な美しい地域づくり
五十嵐敬喜他 1,905円

No.2
地域価値の普遍性とは
五十嵐敬喜・西村幸夫 1,800円

No.3
世界遺産登録・最新事情
長崎・南アルプス
五十嵐敬喜・西村幸夫 1,800円

No.4
新しい世界遺産の登場
南アルプス［自然遺産］
九州・山口［近代化遺産］
五十嵐敬喜・西村幸夫・岩槻邦男・松浦晃一郎 2,000円

［別冊］No.1
ユネスコ憲章と平泉・中尊寺供養願文
五十嵐敬喜・佐藤弘弥 1,200円

［別冊］No.2
平泉から鎌倉へ
鎌倉は世界遺産になれるか？!
五十嵐敬喜・佐藤弘弥 1,800円

［地方財政史など］

高寄昇三著 各5,000円

昭和地方財政史・第一巻
地域格差と両税委譲
分与税と財政調整

昭和地方財政史・第二巻
補助金の成熟と変貌
匡救事業と戦時財政

昭和地方財政史・第三巻
府県財政と国庫支援
地域救済と府県自治

昭和地方財政史・第四巻
町村貧困と財政調整
昭和不況と農村救済

昭和地方財政史・第五巻
都市財政と都市開発
都市経営と公営企業

神戸・近代都市の形成

No.71
自然と共生した町づくり
宮崎県・綾町　森山喜代香　700円

No.72
情報共有と自治体改革
片山健也　1,000円

No.73
地域民主主義の活性化と自治体改革
山口二郎　900円

No.74
分権は市民への権限委譲
上原公子　1,000円

No.75
今、なぜ合併か
瀬戸亀男　800円

No.76
市町村合併をめぐる状況分析
小西砂千夫　800円

No.78
ポスト公共事業社会と自治体政策
五十嵐敬喜　800円

No.80
自治体人事政策の改革
森啓　800円

No.82
地域通貨と地域自治
西部忠　900円（品切れ）

No.83
北海道経済の戦略と戦術
宮脇淳　800円

No.84
地域おこしを考える視点
矢作弘　700円

No.87
北海道行政基本条例論
神原勝　1,100円

No.90
「協働」の思想と体制
森啓　800円＊

No.91
協働のまちづくり
三鷹市の様々な取組みから
秋元政三　700円＊

No.92
シビル・ミニマム再考
松下圭一　900円

No.93
市町村合併の財政論
高木健二　800円＊

No.95
市町村行政改革の方向性
佐藤克廣　800円

No.96
創造都市と日本社会の再生
佐々木雅幸　900円

No.97
地方政治の活性化と地域政策
山口二郎　800円

No.98
多治見市の総合計画に基づく政策実行
西寺雅也　800円

No.99
自治体の政策形成力
森啓　700円

No.100
自治体再構築の市民戦略
松下圭一　900円

No.101
維持可能な社会と自治体
宮本憲一　900円

No.102
道州制の論点と北海道
佐藤克廣　1,000円

No.103
自治基本条例の理論と方法
神原勝　1,100円

No.104
働き方で地域を変える
山田眞知子　800円（品切れ）

No.107
公共をめぐる攻防
樽見弘紀　600円

No.108
三位一体改革と自治体財政
岡本全勝・山本邦彦・北良治・逢坂誠二・川村喜芳　1,000円

No.109
連合自治の可能性を求めて
松岡市郎・堀則文・三本英司・佐藤克廣・砂川敏文・北良治他　1,000円

No.110
「市町村合併」の次は「道州制」か
森啓　900円

No.111
コミュニティビジネスと建設帰農
松本懿・佐藤吉彦・橋場利夫・山北博明・飯野政一・神原勝　1,000円

No.112
「小さな政府」論とはなにか
牧野富夫　700円

No.113
栗山町発・議会基本条例
橋場利勝・神原勝　1,200円

No.114
北海道の先進事例に学ぶ
宮谷内留雄・安斎保・見野全・佐藤克廣・神原勝　1,000円

No.115
地方分権改革の道筋
西尾勝　1,200円

No.116
転換期における日本社会の可能性
～維持可能な内発的発展
宮本憲一　1,100円

［TAJIMI CITY ブックレット］

No.2
転型期の自治体計画づくり
松下圭一　1,000円

No.4
構造改革時代の手続的公正と第二次分権改革
鈴木庸夫　1,000円

No.5
自治基本条例はなぜ必要か
辻山幸宣　1,000円

No.6
自治のかたち、法務のすがた
天野巡一　1,100円

No.8
持続可能な地域社会のデザイン
植田和弘　1,000円

No.9
「政策財務」の考え方
加藤良重　1,000円

No.65
通年議会の〈導入〉と〈廃止〉
長崎県議会による全国初の取り組み
松島完　900円

［福島大学ブックレット
21世紀の市民講座」］

No.1
外国人労働者と地域社会の未来
著：桑原靖夫・香川孝三、
編：坂本恵　900円

No.2
自治体政策研究ノート
今井照　900円

No.3
住民による「まちづくり」の作法
今西一男　1,000円

No.4
格差・貧困社会における市民の権利擁護
金子勝　900円

No.6
今なぜ権利擁護か
ネットワークの重要性
高野範城・新村繁文　1,000円

No.7
小規模自治体の可能性を探る
保母武彦・菅野典雄・佐藤力・竹内是俊・松野光伸　1,000円

No.8
小規模自治体の生きる道
連合自治の構築をめざして
神原勝　900円

No.9
文化資産としての美術館利用
地域の教育・文化的生活に資する方法研究と実践
辻みどり・田村奈保子・真歩仁しょうん　900円

No.10
フクシマで〝日本国憲法〈前文〉〟を読む
家族で語ろう憲法のこと
金井光生　1,000円

［地方自治土曜講座
ブックレット］

No.42
改革の主体は現場にあり
山田孝夫　900円

No.43
自治と分権の政治学
鳴海正泰　1,100円

No.44
公共政策と住民参加
宮本憲一　1,100円＊

No.45
農業を基軸としたまちづくり
小林康雄　800円

No.46
これからの北海道農業とまちづくり
篠田久雄　800円

No.47
自治の中に自治を求めて
佐藤守　1,000円

No.48
介護保険は何をかえるのか
池田省三　1,100円

No.49
介護保険と広域連合
大西幸雄　1,000円

No.50
自治体職員の政策水準
森啓　1,100円

No.51
分権型社会と条例づくり
篠原一　1,000円

No.52
自治体における政策評価の課題
佐藤克廣　1,000円

No.53
小さな町の議員と自治体
室埼正之　900円

No.55
改正地方自治法とアカウンタビリティ
鈴木庸夫　1,200円

No.56
財政運営と公会計制度
宮脇淳　1,100円

No.57
自治体職員の意識改革を如何にして進めるか
林嘉男　1,000円

No.59
環境自治体とISO
畠山武道　700円

No.60
転型期自治体の発想と手法
松下圭一　900円

No.61
分権の可能性
スコットランドと北海道
山口二郎　600円

No.62
機能重視型政策の分析過程と財務情報
宮脇淳　800円

No.63
自治体の広域連携
佐藤克廣　900円

No.64
分権時代における地域経営
見野全　700円

No.65
町村合併は住民自治の区域の変更である
森啓　800円

No.66
自治体学のすすめ
田村明　900円

No.67
市民・行政・議会のパートナシップを目指して
松山哲男　700円

No.69
新地方自治法と自治体の自立
井川博　900円

No.70
分権型社会の地方財政
神野直彦　1,000円

No.29
交付税の解体と再編成
高寄昇三 1,000円

No.30
町村議会の活性化
山梨学院大学行政研究センター 1,200円

No.31
地方分権と法定外税
外川伸一 800円

No.32
東京都銀行税判決と課税自主権
高寄昇三 1,200円

No.33
都市型社会と防衛論争
松下圭一 900円

No.34
中心市街地の活性化に向けて
山梨学院大学行政研究センター 1,200円

No.35
自治体企業会計導入の戦略
高寄昇三 1,100円

No.36
行政基本条例の理論と実際
神原勝・佐藤克廣・辻道雅宣 1,100円

No.37
市民文化と自治体文化戦略
松下圭一 800円

No.38
まちづくりの新たな潮流
山梨学院大学行政研究センター 1,200円

No.39
ディスカッション三重の改革
中村征之・大森弥 1,200円

No.41
市民自治の制度開発の課題
山梨学院大学行政研究センター 1,200円

No.42
《改訂版》自治体破たん・「夕張ショック」の本質
橋本行史 1,200円＊

No.43
分権改革と政治改革
西尾勝 1,200円

No.44
自治体人材育成の着眼点
浦野秀一・井澤壽美子・野田邦弘・西村浩・三関浩司・杉谷戸知也・坂口正治・田中富雄 1,200円

No.45
シンポジウム障害と人権
橋本宏子・森田明・湯浅和恵・池原毅和・青木九馬・澤静子・佐々木久美子 1,400円

No.46
地方財政健全化法で財政破綻は阻止できるか
高寄昇三 1,200円

No.47
地方政府と政策法務
加藤良重 1,200円

No.48
政策財務と地方政府
加藤良重 1,400円

No.49
政令指定都市がめざすもの
高寄昇三 1,400円

No.50
良心的裁判員拒否と責任ある参加
市民社会の中の裁判員制度
大城 聡 1,000円

No.51
討議する議会
自治体議会学の構築をめざして
江藤俊昭 1,200円

No.52
【増補版】大阪都構想と橋下政治の検証
府県集権主義への批判
高寄昇三 1,200円

No.53
虚構・大阪都構想への反論
橋下ポピュリズムと都市主権の対決
高寄昇三 1,200円

No.54
大阪市存続・大阪都粉砕の戦略
地方政治とポピュリズム
高寄昇三 1,200円

No.55
「大阪都構想」を越えて
問われる日本の民主主義と地方自治
（社）大阪自治体問題研究所 1,200円

No.56
翼賛議会型政治・地方民主主義への脅威
地域政党と地方マニフェスト
高寄昇三 1,200円

No.57
なぜ自治体職員にきびしい法遵守が求められるのか
加藤良重 1,200円

No.58
東京都区制度の歴史と課題
都区制度問題の考え方
著：栗原利美、編：米倉克良 1,400円

No.59
七ヶ浜町（宮城県）で考える
「震災復興計画」と住民自治
編著：自治体学会東北 YP 1,400円

No.60
市民が取り組んだ条例づくり
市長・職員・市議会とともにつくった所沢市自治基本条例
編著：所沢市自治基本条例を育てる会 1,400円

No.61
いま、なぜ大阪市の消滅なのか
「大都市地域特別区法」の成立と今後の課題
編著：大阪自治を考える会 800円

No.62
地方公務員給与は高いのか
非正規職員の正規化をめざして
著：高寄昇三・山本正憲 1,200円

No.63
大阪市廃止・特別区設置の制度設計案を批判する
いま、なぜ大阪市の消滅なのか Part2
編著：大阪自治を考える会 900円

No.64
自治体学とはどのような学か
森啓 1,200円

グリーンインフラによる都市景観の創造 金沢からの「問い」
企画 金沢大学地域政策研究センター
編者 菊地直樹・上野裕介 1,000円

議員のなり手不足問題の深刻化を乗り越えて
〈地域と地域民主主義〉の危機脱却手法
江藤俊昭 2,000円

［自治体危機叢書］

2000年分権改革と自治体危機
松下圭一 1,500円

自治体財政破綻の危機・管理
加藤良重 1,400円

自治体連携と受援力
もう国に依存できない
神谷 秀之・桜井 誠一 1,600円

政策転換への新シナリオ
小口進一 1,500円

住民監査請求制度の危機と課題
田中孝男 1,500円

政府財政支援と被災自治体財政
東日本・阪神大震災と地方財政
高寄昇三 1,600円

震災復旧・復興と「国の壁」
神谷秀之 2,000円

自治体財政のムダを洗い出す
財政再建の処方箋
高寄昇三 2,300円

「政務活動費」ここが問題だ
改善と有効活用を提案
宮沢昭夫 2,400円

「ふるさと納税」「原大学誘致」で地方は再生できるのか
高寄昇三 2,400円

［福島大学ブックレット「21世紀の市民講座」］

No.1
外国人労働者と地域社会の未来
著：桑原靖夫・香川孝三、
編：坂本惠 900円（品切）

No.2
自治体政策研究ノート
今井照 900円

No.3
住民による「まちづくり」の作法
今西一男 1,000円

No.4
格差・貧困社会における市民の権利擁護
金子勝 900円

No.6
今なぜ権利擁護か
ネットワークの重要性
高野範城・新村繁文 1,000円

No.7
小規模自治体の可能性を探る
保母武彦・菅野典雄・佐藤力・竹内是俊・松野光伸 1,000円

No.8
小規模自治体の生きる道
連合自治の構築をめざして
神原勝 900円

No.9
文化資産としての美術館利用
地域の教育・文化的生活に資する方法研究と実践
辻みどり・田村奈保子・真歩仁しょうん 900円

No.10
フクシマで〝日本国憲法〈前文〉〟を読む
家族で語ろう憲法のこと
金井光生 1,000円

［自治総研ブックレット］

No.22
自治体森林政策の可能性
～国税森林環境税・森林経営管理法を手がかりに
飛田博史編・諸富徹・西尾隆・相川高信・木藤誠・平石稔・今井照 1,500円

［地方自治ジャーナルブックレット］

No.12
市民が担う自治体公務
パートタイム公務員論研究会 1,359円

No.14
上流文化圏からの挑戦
山梨学院大学行政研究センター 1,166円

No.15
市民自治と直接民主制
高寄昇三 951円

No.17
分権段階の自治体と政策法務
山梨学院大学行政研究センター 1,456円

No.18
地方分権と補助金改革
高寄昇三 1,200円

No.19
分権化時代の広域行政
山梨学院大学行政研究センター 1,200円

No.20
あなたの町の学級編成と地方分権
田嶋義介 1,200円

No.22
ボランティア活動の進展と自治体の役割
山梨学院大学行政研究センター 1,200円

No.24
男女平等社会の実現と自治体の役割
山梨学院大学行政研究センター 1,200円

No.25
市民がつくる東京の環境・公害条例
市民案をつくる会 1,000円

No.26
東京都の「外形標準課税」はなぜ正当なのか
青木宗明・神田誠司 1,000円

No.27
少子高齢化社会における福祉のあり方
山梨学院大学行政研究センター 1,200円

［地域ガバナンスシステム・シリーズ］
（龍谷大学地域人材・政策開発リサーチセンター（LORC）企画・編集）

No.1
地域人材を育てる自治体研修改革
土山希美枝 900円

No.2
公共政策教育と認証評価システム
坂本勝 1,100円

No.3
暮らしに根ざした心地よいまち
1,100円

No.4
持続可能な都市自治体づくりのためのガイドブック
1,100円

No.5
英国における地域戦略パートナーシップ
編：白石克孝、監訳：的場信敬 900円

No.6
マーケットと地域をつなぐパートナーシップ
編：白石克孝、著：園田正彦 1,000円

No.7
政府・地方自治体と市民社会の戦略的連携
的場信敬 1,000円

No.8
多治見モデル
大矢野修 1,400円

No.9
市民と自治体の協働研修ハンドブック
土山希美枝 1,600円

No.10
行政学修士教育と人材育成
坂本勝 1,100円

No.11
アメリカ公共政策大学院の認証評価システムと評価基準
早田幸政 1,200円

No.12
イギリスの資格履修制度
資格を通しての公共人材育成
小山善彦 1,000円

No.14
炭を使った農業と地域社会の再生
市民が参加する地球温暖化対策
井上芳恵 1,400円

No.15
対話と議論で〈つなぎ・ひきだす〉ファシリテート能力育成ハンドブック
土山希美枝・村田和代・深尾昌峰 1,200円

No.16
「質問力」からはじめる自治体議会改革
土山希美枝 1,100円

No.17
東アジア中山間地域の内発的発展
日本・韓国・台湾の現場から
清水万由子・＊誠國・谷垣岳人・大矢野修 1,200円

No.18
カーボンマイナスソサエティ
クルベジでつながる、環境、農業、地域社会
定松功 1,400円

［京都府立大学京都政策研究センターブックレット］

No.1
地域貢献としての「大学発シンクタンク」
京都政策研究センター（KPI）の挑戦
編著 青山公三・小沢修司・杉岡秀紀・藤沢実 1,000円

No.2
もうひとつの「自治体行革」
住民満足度向上へつなげる
編著 青山公三・小沢修司・杉岡秀紀・藤沢実 1,000円

No.3
地域公共とプロボノ
わが国におけるプロボノ活用の最前線
編著 杉岡秀紀
著 青山公三・鈴木康久・山本伶奈 1,000円

No.4
地域創生の最前線
地方創生から地域創生へ
監修・解説 増田寛也 編著 青山公三・小沢修司・杉岡秀紀・菱木智一 1,000円

No.5
「みんな」でつくる地域の未来
編著 京都府立大学京都政策研究センター 1,000円

No.6
現場からみた「子どもの貧困」対策 行政・地域・学校の現場から
編著 小沢修司 1,000円

［単行本］

フィンランドを世界一に導いた100の社会改革
編著 イルカ・タイパレ 訳 山田眞知子 2,800円

公共経営学入門
編著 ボーベル・ラフラー
訳 みえガバナンス研究会
監修 稲澤克祐、紀平美智子 2,500円

変えよう地方議会
～3・11後の自治に向けて
編著 河北新報社編集局 2,000円

自治体職員研修の法構造
田中孝男 2,800円

自治基本条例は活きているか?!
～ニセコ町まちづくり基本条例の10年
編 木佐茂男・片山健也・名塚昭 2,000円

国立景観訴訟～自治が裁かれる
編著 五十嵐敬喜・上原公子 2,800円